喬木書房

喬木書房

職場心理學你懂多少？

Workplace Psychology

How much do you know

我們可以這麼說：「沒有不用心理學的地方。」

當你懂得心理學知識之後，就會發現你的身邊到處都有它的影子，你可以用它來解釋之前費解的現象。

道理很簡單，只要是人，就有心理活動；只要有人在的地方，就有心理學。

心理學到底會對我們產生什麼樣的影響？這不僅僅是職場技能，可以讓你在職場中佔盡先機，

更能讓你為自己構築健全的心理狀態，解除心理疾患，避免在職場競爭中輸在心理環節上。

陳嘉安◎著

目錄

第六章　與同事交往時，應注意心理問題 186

第七章　透過言行洞察，洞悉對方的心理 226

前言

競爭太激烈，工作不好找；老闆很挑剔，升職不容易；壓力總太大，後院老起火；墨水不夠用，前途太渺茫……身在職場中的我們每天都是牢騷滿腹，也許你會抱怨，也許你想過跳槽，也許你想過去接受培訓……那麼，你有沒有想過學點心理學？

職場心理學，你懂多少？或是你根本就不懂？

我們可以這樣說：「沒有不用心理學的地方」。確實如此，當你懂得一點心理學知識之後，就會發現你的身邊到處都是它的影子，你可以用它來解釋許多之前費解的現象。道理很簡單，只要是人，就有心理活動；只要有人在的地方，就有心理學。與人共事、共處，管人或者被管，哪一樣不需要點技巧？

當知識快速更新要求你不斷掌握的時候；當上司要求你在很短時間內，完成很多工作的時候；當你每天都要加班，丈夫(妻子)出差，孩子又生病的時候；當一批年輕人進入公司，和你競爭某項工作的時候，你只有兩種選擇：衝上去和退一步，你義無反顧地認可了前者，便不斷自我加壓，即使早已不堪重負……

公司中存在複雜的人際關係，下屬對上級授權的誤解；同事之間互不信賴；領導方式偏誤引起工作氛圍不和睦等等，身在其中只覺得心理疲勞；當業績突出職位升遷時，壓力同時也加倍遞增；當升遷名額再次旁落時，你感到被人忽視的壓抑，對工作目標充滿迷惘……

這是你現在的狀態嗎？無處不在的壓力和競爭讓你根本逃避不了心理問題。專業調查結果顯示：九三％的在職者受「壓力」、「抑鬱」、「職業倦怠」等職場心理因素困擾；五四％的被調查者渴望得到心理諮詢，但從未嘗試過；八〇％的職場人士意識到「職業心理健康」會影響到工作。

現代生活的快節奏、壓力大，使人的心理時常隨著相關外在、內在的變化而改變。我們每個人每天都在進行著心理活動，而所進行的心理活動是否正確與有益，是值得注意與重視的一個問題。心理素質好的人適應性強，能迅速積極應對；反之，部分人採取了消極，負面的應對方式。

也許你很聰明也很理智，但「智者千慮，必有一失」，你的心理活動不一定都是正確的。因此，我們每個人都應該學習心理學知識，以實現自己心理活動的科學化和最優化。

心理學的知識到底會對我們產生什麼樣的影響？這不僅僅是一種職場技能，可以讓你在職場中佔盡先機，更是一種內在的生命的素質，讓你為自己構築健全的心理狀態，解除心理疾患，避免在職場競爭中輸在心理環節上。

職場中，當你和老闆、客戶、同事打交道時，你們雙方就是在做心理上的較量，瞭解對方的心理特徵，就能變被動為主動；面對工作中的壓力和緊張，明白該怎麼做會讓你心理更健康。那麼具體該怎麼做呢？本書會告訴你。

從求職到升職，從初入職場中的心理調整到職場老手的心理治療，從揣摩老闆心理到把握客戶心理再到同事交往心理，從識人之術到交際中的心理效應，從自我情緒調整到職業創傷修復，職業生涯中可能遇到的各種心理問題，我們都一一為你解讀，並且提供應對之道。幫你關愛呵護心靈，塑造完整自我，享受快樂職場、成功職場，是我們衷心的期望。

第一章

善用心理效應，提高人際交往能力

心理效應是社會生活當中較常見的心理現象和規律，是某種人物或事物的行為或作用，引起其他人物或事物產生相應變化的因果反應或連鎖反應。和任何規律一樣，它具有積極與消極兩方面的意義。因此，正確地認識、瞭解、掌握並利用心理效應，在我們的社會交往過程中具有非常重要的作用和意義。

首因效應—先入為主的第一印象

一位心理學家對大學生應聘者做過這樣一個實驗：讓兩個大學生都做三十道題中的一半，但是讓大學生甲做的題目儘量出現在前十五題，而讓大學生乙做的題目儘量出現在後十五題，然後讓決策者對兩個大學生進行比較：誰更聰明？結果發現，決策者認為大學生甲更聰明。這就是心理學講的首因效應。

我們都知道在人際交往中要注意第一印象。所謂第一印象，是在短時間內以片面的資料為依據形成的印象，心理學研究發現，與一個人初次會面，四十五秒鐘內就能產生第一印象。這一最先的印象對他人產生較強的影響，並且在對方的頭腦中形成並佔據著主導地位。

心理學家給第一印象取了一個很好聽的專業名詞，叫做「首因效應」。「首因效應」體現在先入為主上。這種先入為主給人帶來的第一印象是鮮明的、強烈的、過目難忘的。對方也最容易將你的「首因效應」存進他的大腦檔案，留下難以磨滅的印象。雖然我們也知道僅憑一次見面就給對方下結論為時過早，「首因效應」並不完全可靠，甚至還有可能會出現很大的差錯，但是，絕大多數的人還是會下意識地跟著「首因效應」的感覺走。所以說，我們若想在人際交往中獲得別人的好感和認可，就應當給別人留下良好的「首因效應」。

實驗心理學表明，外界資訊輸入大腦時的順序，在決定認知效果的作用上是不容忽視的。最先輸入的資訊作用最大，最後輸入的資訊也起較大作用。大腦處理資訊的這種特點是形成首因效應的內在原因。

首因效應本質上是一種優先效應，當不同的資訊結合在一起的時候，人們總是傾向於重視前面的資訊。即使人們同樣重視了後面的資訊，也會認為後面的資訊是非本質的、偶然的，人們習慣於按照前面的資訊解釋後面的資訊，即使後面的資訊與前面的資訊不一致，也會屈從於前面的資訊，以形成整體一致的印象。在生活節奏的現代社會，很少有人會願意花更多的時間去瞭解、證實一個留給他不美好第一印象的人。

第一印象是難以改變的。而第一印象主要是依靠性別、年齡、體態、姿勢、談吐、面部表情、衣著打扮等，判斷一個人的內在素養和個性特徵。因此在人際交往過程中，尤其是與別人的初次交往時，一定要注意給別人留下美好的印象。

首因效應在職場上到處可見：「新官上任三把火」、「早來晚走」、「惡人先告狀」、「先發制人」……等，都是想利用首因效應佔得先機。我們在交友、招聘、求職等社交活動中，也可以利用這種效應，展示給人一種極好的形象，為以後的交流打下良好的基礎。

一般來說，首因效應主要體現在衣著穿戴方面，其次才是言談舉止。有的人生性散漫，懶得花大量時間去考慮自己的服裝。有時，一件外套一穿就是一個月，袖口和領子上積了一層厚厚的污垢，自己也習以為常，照樣穿著出門、上街、逛商店、會朋友甚至出席宴會。他們認為，服裝不過是遮體禦寒的工具，沒必要花太多的心思去侍候它。這種想法全錯！要知道，一個人的服裝代表著這個人的形象，別人可以透過這個人的穿戴，推斷當事人的文明程度、精神狀態等，切不可等閒視之。所以在人際交往過程中，尤其是有許多陌生人的場合，一定要注重儀錶風度，我們要充分利用首因效應來幫助我們完成漂亮的自我推銷：首先是面帶微笑，這樣可能獲得熱情、善良、友好、誠摯的印象；其次應使自己顯得整潔，一般情況下人們都願意和衣著乾淨整齊、落落大方的人接觸和交往。整潔容易留下嚴謹、自愛、有修養的第一印象，儘管這種印象並不準確，但對我們總是有益處；第三使自己顯得可愛可敬，這必須由我們的言談、舉止、禮儀等來完成。我們要言辭幽默，侃侃而談，不卑不亢，舉止優雅；最後才是儘量發揮你的聰明才智，在對方的心中留下深刻的第一印象，這種印象會左右對方未來很長時間內對你的判斷。

既然首因效應在人們的交往中起著非常微妙的作用，那麼只要能準確地把握它，定能給自己的事業開創良好的人際關係氛圍。

近因效應—最新感知力量大

所謂「近因」，是指個體最近獲得的資訊。近因效應是心理學家盧琴斯透過連續實驗得出的結論，其中最著名的實驗是關於吉姆印象形成的實驗。他分別向兩組被試者介紹一個人的性格特點。對甲組先介紹這個人的外傾特點，然後介紹內傾特點；對乙組則相反，先介紹內傾特點，後介紹外傾特點。最後考察這兩組被試者留下的印象，結果與首因效應相同。然後他把上述實驗方式加以改變，在向兩組被試者介紹完第一部分後，插入其他作業，如做一些數字演算、聽歷史故事之類不相干的事，之後再介紹第二部分。實驗結果表明，兩個組的被試者，都是第二部分的資料留下的印象深刻，近因效應明顯。

試驗結論是：印象形成的決定因素是後來新出現的刺激物。所謂近因效應是指新出現的刺激物對印象形成的心理效果。新近獲得的資訊對個體的影響作用，比以往獲得的資訊作用要大。

近因效應與首因效應恰恰相反，是指在多種刺激一次出現的時候，印象的形成主要取決於後來出現的刺激，即交往過程中，我們對他人最近、最新的認識佔了主體地位，掩蓋了以往形成的對他人的評價，因此，也稱為「新穎效應」。

第一印象產生的首因效應，一般在交往初期，即雙方還生疏的階段，特別重要。而在交往後期，就是雙方已經十分熟悉的情況下，近因效應就發揮了更大的作用。

在現實生活中近因效應例子也很多，比如多年不見的朋友，在自己的腦海中的印象最深的，其實就是臨別時的情景；一個朋友總是讓你生氣，可是談起生氣的原因，大概只能說上二、三條，這也是一種近因效應的表現。在學習和人際交往中，這兩種現象很常見。

受近因效應的影響，有的思想政治工作者往往改變原有看法，做出錯誤判斷，如有的企業組織一直軟弱，最近因某職員見義勇為受到媒體和上級的表揚，就被認為一貫重視思想政治教育，用近期一時一事來肯定或否定一個企業的全面工作，很容易片面、失誤。

小張與小李是小學的同學，從那時起兩個人就是好朋友，對方非常瞭解，可是近一段小李因家中鬧矛盾，心情十分不快，有時小張與他說話，動不動就發火，而且一個偶然的因素的影響，小李捲入了一宗盜竊案。小張認為小李過去一直在欺騙自己，於是與他斷絕了友誼。雖然事實上小李是冤枉的，那小張在心理上已經給他定了罪，其實這就是近因效應在起負作用。

朋友之間的負性近因效應，大多產生於交往中遇到與願望相違背，願望不遂，或感到自己受屈、善意被誤解時，其情緒多為激情狀態。在激情狀態下，人們對自己行為的控制能力，和對周圍事物的理解能力，都會有一定程度的降低，容易說出錯話，做出錯事，產生不良後果。因此，凡事在先，須加忍讓，防止激化。待心平氣和時，彼此再理論，明辨是非。

當然，我們在交往過程中，也可以用近因效應提升自身的形象。例如，雙方感情不合，一旦要分手的時候，主動向對方表示好感甚至歉意，會出乎意料地博得對方的好感，甚至將以往的恩怨化解。那種打完一巴掌之後趕緊給他揉一揉的做法，能使他忘記前面的一巴掌之痛。就是近因效應給我們的啟示。它給我們的啟示還有：利用近因效應，可改變以往的冷戰狀態，恢復凍結多年的外交關係；和老朋友交往時，要注意打造良好的近因效應來鞏固友誼，最保險的辦法是認真對待每一次交往。假如不幸讓別人產生了負面印象，那麼開誠佈公，積極溝通，是消除不利的近因效應的最好方法。

在人際交往過程中，如果別人因為首因效應對你產生了誤解或者偏見，那麼我們可以利用近因效應來改變他們的看法。首因與近因不是根本對立，常是二者共同作用。具體情況是這樣的：完全沒有時間間隔時，首因作用較大；有了時間間隔，近因作用較大；對於完全陌生人形成的印象，首因較大；較熟悉，久未謀面，而現在又一起，近因較大；人物的發展基本上按第一印象延續，則首因較大；出現與第一印象相悖的現象，則近因效應的作用大。

如果你想在社交過程中給人留下好印象，那可要好好地利用首因和近因效應了。針對你所遇到的具體情況，根據上面的介紹分別應對。

暈輪效應—耀眼光環帶來偏見

暈輪效應最早是由美國著名心理學家桑戴克於上世紀二十年代提出。他認為，人們對人的認知和判斷往往只從局部出發，像日暈一樣，由一個中心點逐步向外擴散成越來越大的圓圈，並由此得出整體印象。據此，桑戴克為這一心理現象起了一個恰如其分的名稱—「暈輪效應」，其特點即以偏概全，在對不太熟悉的人或者有嚴重情感傾向的人進行評價時，這種效應體現得尤其明顯：一個人如果被標明是好的，他就會被一種積極肯定的光環籠罩，並被賦予一切都好的品質；如果一個人被標明是壞的，他就被一種消極否定的光環所籠罩，並被認為具有各種壞品質。

心理學家狄恩設計了一個實驗：讓被試者看一些照片，照片上的人，有的很有魅力，有的一般，有的很差；然後，讓被試者用與魅力無關的詞語評價這些人。結果發現，有魅力者在各方面得到的評分都高，無魅力者各項評分都低。

這個由認知特徵泛化、推及其他方面的現象，就是對暈輪效應的證實，以貌取人便是對初識者的暈輪效應。

概括起來講，暈輪效應是指由於對人的某種品質或特點有清晰的知覺，印象較深刻、突出，從而掩蓋了對這個人的其他品質或特點的現象。所以，我們在對別人作評價的時候，常喜歡從或好或壞的局部印象出發，擴散出全部好或全部壞的整體印象，就像月暈（或光環）一樣，從一個中心點逐漸向外擴散成為一個越來越大的圓圈。

回想一下在學校的生活，假如一個學生的學習成績好，就會被認為是一個智力很高，聰明、熱情、靈活、有創造性的學生。如果學生在某一方面表現不好，如成績不好或頑皮搗蛋，那麼往往就會被教師認為什麼都不行，一無是處。這是因為我們都不同程度地受到這一心理效應的影響，產生了認識上的偏差。

多數情況下，暈輪效應常使人犯「以偏概全」、「愛屋及烏」的錯誤，產生一個人一好百好的錯覺。名人效應是一種典型的暈輪效應，不難發現，拍廣告片的多數是那些有名的歌星、影星，而很少見到那些名不見經傳的小人物。因為明星推出的商品更容易得到大家的認同。一個作家一旦出名，以前壓在箱子底的稿件全然不愁發表，所有著作都不愁銷售，這都是暈輪效應的作用。

暈輪效應是一種以偏概全的主觀心理臆測，其錯誤在於：第一，它容易抓住事物的個別特徵，習慣以個別推及一般，就像盲人摸象一樣，以點代面；第二，它把並無內在聯繫的一些個性或外貌特徵聯繫在一起，斷言有這種特徵必然會有另一種特徵；第三，它說好就全都肯定，說壞就全部否定，這是一種受主觀偏見支配的絕對化傾向。

但在人際交往過程中，暈輪效應往往在悄悄地影響著我們對別人的認知和評價。比如有的老年人對青年人的個別缺點，或衣著打扮、生活習慣看不順眼，就認為他們一定沒出息；情人在相戀的時候，不僅很難找到對方的缺點，還會認為他的一切都是好的，連做錯的事情都是對的。甚至連別人認為是缺點的地方，在戀人看來也是無所謂的，這就是暈輪效應的具體表現。

暈輪效應對人際交往有一定的負面影響，因為當暈輪效應的心理產生後，就會在這種心理作用下，不善於分辨好與壞、真與偽，還會非常容易地被人利用。所以，我們在社交過程中，一定要注意不要受暈輪效應的影響，看一個人，既要看他的優點，又要看他的缺點，正確分析每一個人，經常保持清醒的頭腦是非常重要的。因為，籠罩在光環之下的人或事物，一旦有問題，引起的後果就有可能是毀滅性的。

但是反過來，我們也可以利用暈輪效應來打造自己的良好形象，增加自身的吸引力。與人交往時，我們可以採用先入為主的策略，讓對方瞭解我們的優勢，以獲得積極的評價，讓我們在別人眼中的形象越來越正面。

總之，社會交往中，暈輪效應能成就人，也能欺騙人，我們要做的是正確把握暈輪效應，發揮其積極方面，防止其負面作用。對於我們自己來說，要善於傾聽和接受他人的意見，防備光環效應的負作用。同時也巧妙地利用這種效應來為自己增加光彩。

刻板效應──青桔子一定是酸的

蘇聯社會心理學家包達列夫，做過這樣的實驗，將一個人的照片分別給兩組被試看，照片的特徵是眼睛深凹，下巴外翹。向兩組被試分別介紹情況，給甲組介紹情況時說，此人是個罪犯；給乙組介紹情況時說，此人是位著名學者，然後，請兩組被試分別對此人的照片特徵進行評價。

評價的結果，甲組被試認為：此人眼睛深凹表明他兇狠、狡猾，下巴外翹反映著其頑固不化的性格；乙組被試認為：此人眼睛深凹，表明他具有深邃的思想，下巴外翹反映他具有探索真理的頑強精神。

為什麼兩組被試對同一照片的面部特徵所做出的評價竟有如此大的差異?原因很簡單，是人們對社會各類的人有著一定的定型認知。把他當罪犯來看時，自然就把其眼睛、下巴的特徵歸類為兇狠、狡猾和頑固不化，而把他當學者來看時，便把相同的特徵歸為思想的深邃性和意志的堅韌性。

商人常被認為奸詐，有「無奸不商」之說；教授常常被認為是白髮蒼蒼、文質彬彬的老人；江南一代的人往往被認為是聰明伶俐、隨機應變的；北方人則被認為是性情豪爽、膽大正直的……我們在認識和判斷他人時，並不是把個體作為孤立的物件來認識，而總是把他看成是某一類人中的一員，使得他既有個性又有共性，很容易認為他具有某一類所有的品質。因而當我們把人籠統地劃為固定、概括的類型來加以認識時，刻板效應就形成了。

刻板效應的積極作用在於它簡化了我們的認識過程。因為當我們知道他人的一些資訊時，常根據該人所屬的人群特徵來推測他的其他典型特徵。這樣雖然不一定能形成對他人的正確印象，但在一定程度上可以幫助我們簡化認識過程。但刻板效應帶來的更多是負面效應，如種族偏見、民族偏見、性別偏見等。它常使人以點代面，凝固地看人，容易產生判斷上的偏差和認識上的錯覺。

刻板印象的形成，主要是由於我們在人際交往過程中，沒有時間和精力去和某個群體中的每一成員都進行深入的交往，而只能與其中的一部分成員交往，因此，我們只能由部分推知全部，由我們所接觸到的部分，去推知這個群體的全體。

刻板印象一經形成，就很難改變，因此，在日常生活中，一定要考慮到刻板印象的影響，例如，市場調查公司在招聘入戶調查的訪員時，一般都應該選擇女性，而不應該選擇男性，因為在人們心目中，女性一般來說比較善良、較少攻擊性、力量也比較單薄，因而入戶訪問對主人的威脅較小；而男性，尤其是身強力壯的男性如果要求登門訪問，則很容易被拒絕，因為他們更容易使人聯想到一系列與暴力、攻擊有關的事物，使人們增強防衛心理。

「物以類聚，人以群分」，居住在同一個地區、從事同一種職業、屬於同一個種族的人總會有一些共同的特徵，因此，刻板印象一般說來都還是有一定道理的。但是，「人心不同，各如其面」，刻板印象畢竟只是一種概括而籠統的看法，並不能代替活生生的個體，因而以偏概全的錯誤總是在所難免。如果不明白這一點，在與人交往時，「唯刻板印象是瞻」，像「削足適履」的鄭人，寧可相信作為「尺寸」的刻板印象，也不相信自己的切身經驗，就會出現錯誤，導致人際交往的失敗，自然也就無助於我們獲得成功。

在日常生活中，刻板印象對人的消極和危害影響是很大的。比如有的職員本來工作力強，業務好，又有文憑，提拔應不成問題。但就是因為上司對他持有成見，存在刻板印象，一直受不到重用，最後也只能做一匹拉拉小貨的千里馬。如果是這樣的話，就必須學會擺脫別人對自己的消極刻板印象。比如搞好自己的工作，注意自己的一言一行，主動向上司彙報工作，托與上司關係密切的同事給自己說說話，或看上思對自己是不是有什麼誤會等。

由於刻板印象往往不是以直接經驗為依據，也不是以事實資料為基礎，只憑一時偏見或道聽塗說而形成的。因此很多刻板印象是錯誤的，甚至是有害的。但是不管怎樣，刻板印象都是普遍存在的，它在日常生活中對人的影響很大，我們瞭解了這種心理，多注意自己的言行，這對自己今後的工作、生活、社交活動都有很大意義的。

舉個例子說吧，吃桔子的時候，你愛買黃皮桔子還是青皮桔子？儘管這兩種桔子一樣甜，一樣好吃，但很多人樂意買黃皮的，因為在他們的印象中，青的桔子是未成熟的、酸的。你有必要非去和別人爭辯，告訴他們這樣的刻板印象不對嗎？既然他們喜歡買黃皮桔子，那麼你就去做一個黃皮桔子吧。

設防心理——人們需要安全距離

設防心理是人際交往中經常可以見到的一種心理現象，主要是指一個人在與他人交往時所保持的一種對他人的戒備心理。因為每個人都可能有自己的隱私和秘密不願意讓別人知道，所以在與他人進行交往的時候，大多數人一般都會採取一些防範措施而不讓他人瞭解自己的某些秘密。

即使兩個人單獨相處的時候，相互之間也會產生一些防範心理。有些人在人多的時候，有時會感到沒有自己的空間，經常擔心自己的物品是否安全；還有些人把自己的日記看得很緊，害怕別人瞭解自己的秘密；還有的學生會把自己的學習筆記看得很緊，害怕別人看了以後學習成績會超過自己。

人與人之間在交往中有意或無意採取措施的設防行為就是設防心理。「防人之心不可無」，其實很多人都是比較缺少安全感的人，自我保護意識太強，所以我們的心都不同程度地設防了。設防心理在特殊的社會活動或特殊的行業中是必要的，但在正常的人際社會交往中，這種設防心理會給人際交往帶來負面作用，它會阻礙正常的人際交流。

在穿梭的人群中，如果有個陌生人朝你微笑，你會有什麼反應？是漠然相視，還是回報以微笑？上海市曾經組織中小學生走上街頭，進行「採集微笑」活動。

按計劃，二十多個活動小組每組至少採集一百個微笑，但很多小組都未能完成任務。一位參加活動的小學生感歎說：「我真不明白，大人們微笑一下為什麼這麼難？」

根據活動計畫，孩子們攜帶數位相機上街，主動向陌生人微笑打招呼，一旦路人以微笑回應，他們便拍下這個微笑的瞬間。

「叔叔，能不能和我們微笑合影？」在喧鬧的街頭，孩子們主動迎上去，微笑的表情讓路過的某位先生愣了一下，但當他明白這次活動後，還是很配合地與孩子們合影，並一改先前的嚴肅表情，露出了幾分笑容。「日裏，對著你微笑的陌生人，總覺得他有什麼企圖，一般我都不願意與陌生人多說話，但面對純真的孩子，覺得還是應該配合一下。」他說。

不過，在川流不息、行色匆匆的人群中，大多數被訪者對孩子的微笑請求不屑一顧，以至於孩子們很失望地說：「大人們有的跟我們搖搖手，但基本上都沒有人對我們微笑。」

最後孩子們總結說：「不是所有的路人都能夠配合我們的活動，在我們的微笑和鏡頭前，老年人和青年人是最願意微笑的，還有和我們年齡相仿的學生都顯得特別配合。其中，中年人較難打交道，有一些阿姨在我們的微笑下才漸漸同意，另一些則找藉口，說自己有急事。而在中年人中，那些叔叔們的態度最差，不耐煩地揮揮手，連話也不說一句，示意我們走開。」

孩子們不明白為什麼，但你明白，因為你是大人，你自己也在設防。他們還是孩子，屬於我們最不設防的人群，情形尚且如此，更別說充滿了利益和心機的社交場合了。在這種普遍設防的社交心理下，我們很難跟陌生人熟悉起來。

其實，設防不僅對陌生人，在同事、朋友間也無處不在。雖然看起來各式各樣的通訊工具讓人際交往變得更便捷，但心理上的熟人圈子在慢慢變小。人們之間相互太多猜疑，為了安全，只好採取最簡單的策略，那就是拒絕交往，不說話，不微笑。

當然，在社交場合中，每個人都是抱著和別人交往的目的而去。大家都樂意和陌生人交談，但也存有戒心。你需要好好把握人們的設防心理，讓你的交往活動更加順利。

比如說，人與人之間彼此都存戒心，特別是陌生人之間。所以你跟別人搭訕時，態度一定要友善。最好讓對方明白你的交際目的，否則會讓他產生戒心，那樣就很難跟對方深入接觸。

而且，沒有人能容忍他人闖入自己的空間。人與人之間需要保持一定的空間距離，即使最親密的兩人之間也是一樣。如果你跟一個陌生人站得太近，超過通常的社交距離，別人就會有心理壓力。

明白了人們的這種心理，社交活動中你就可以有效地減少別人的戒心。給別人他們需要的安全感，讓對方既不怕受到傷害，也不會覺得太生疏，這樣你們就可以友好地交談了。

投射效應──以己推人未必合適

古代一位喜歡吃芹菜的人，總以為別人也像他一樣喜歡吃芹菜，於是一到公眾場合就向別人熱情推薦芹菜，成為一個眾所周知的笑話。但是生活中每個人都免不了犯類似的錯誤，「以己度人」，心理學上稱之為投射效應。所謂投射效應是指以己度人，認為自己具有某種特性，他人也一定會有與自己相同的特性，把自己的感情、意志、特性投射到他人身上並強加於人的一種認知障礙。即在人際認知過程中，人們常常假設他人與自己具有相同的屬性、愛好或傾向等，常常認為別人理所當然地知道自己心中的想法。

心理學家羅傑斯曾做過這樣的實驗來研究投射效應，在八十名參加實驗的大學生中徵求意見，問他們是否願意背著一塊大牌子在校園裏走動。結果，有四十八名大學生同意背牌子在校園內走動，並且認為大部分學生都會樂意背，而拒絕背牌的學生則普遍認為，只有少數學生願意背。可見，這些學生將自己的態度投射到其他學生身上。

一般來說，投射效應的表現形式主要有兩種：

一是感情投射，即認為別人的好惡與自己相同，把他人的特性硬納入自己既定的框框中，按照自己的思維方式加以理解。比如，自己喜歡某一事物，跟他人談論的話題總是離不開這件事，不管別人是不是感興趣、能不能聽進去。引不起別人共鳴，就認為是別人不給面子，或不理解自己。

二是認知缺乏客觀性，比如，有的人對自己喜歡的人或事越來越喜歡，越看優點越多；對自己不喜歡的人或事越來越討厭，越看缺點越多。因而表現出過分地讚揚和吹捧自己喜歡的人或事，過分地指責甚至中傷自己所厭惡的人或事。這種認為自己喜歡的人或事是美好的，自己討厭的人或事是醜惡的，並且把自己的感情投射到這些人或事上進行美化或醜化的心理傾向，失去了人際溝通中認知的客觀性，從而導致主觀臆斷並陷入偏見的泥潭。

人們在日常生活中常常不自覺的把自己的心理特徵（如個性、好惡、慾望、觀念、情緒等）歸屬到別人身上，認為別人也具有同樣的特徵，如：自己喜歡說謊，就認為別人也總是在騙自己；自己自我感覺良好，就認為別人也都認為自己很出色；自己喜歡的人，以為別人也喜歡，總是疑神疑鬼，莫名其妙的吃一些飛醋；父母總喜歡為子女設計前途、選擇學校和職業……

在一家出版社的選題討論中，出現了這樣一種有趣的現象：

編輯們列出他們認為最重要的一個選題分別為：

編輯A正在參加成人教育以攻讀第二學位，他選的是《怎樣寫畢業論文》；

編輯B的女兒正在上幼稚園，她的選題是《學齡前兒童教育叢書》；

編輯C是圍棋迷，他的選題是《聶衛平棋路分析》……

這就是投射效應的表現。由於投射效應的存在，我們常常可以從一個人對別人的看法中來推測這個人的真正意圖或心理特徵。就拿上面這個例子來說，我們可以根據這些編輯的選題，推測出他們現在的處境。

宋代著名學者蘇東坡和佛印和尚是好朋友，一天，蘇東坡去拜訪佛印，與佛印相對而坐，蘇東坡對佛印開玩笑說：「我看見你是一堆狗屎。」而佛印則微笑著說：「我看你是一尊金佛。」蘇東坡覺得自己佔了便宜，很是得意。回家以後，蘇東坡得意的向妹妹提起這件事，蘇小妹說：「哥哥你錯了。佛家說『佛心自現』，你看別人是什麼，就表示你看自己是什麼。」

我們常說的「以小人之心，度君子之腹」，就是人際關係中的投射效應，是說一些人在與人交往時把自己具有的某些觀念、性格、態度或慾望轉移到別人身上，認為別人也是如此。如自私的人總認為別人也很自私；而那些慷慨大方的人認為別人對自己也不會小氣，一個心地善良的人會以為別人都是善良的；一個經常算計別人的人就會覺得別人也在算計他等等。

由於投射作用的影響，人們在社交活動中往往容易產生誤解。但其正面作用在於，你可以仔細聆聽一個人對眾人的評價，據此判斷出這個人不為人知的內心。

互補效應——優勢互補克己之短

心理學家認為，心理學發現，在人際交往中有一個「互補性」原則，男女雙方的個性存在相反的差異時，往往相互吸引。互補性指雙方在交往過程中獲得互相滿足的心理狀態。相似性是人際吸引的基礎，當相似性把兩個原本不認識的人吸引到一起後，如果雙方都有互補的需要，而又各自從對方獲得需要的滿足時，將會增加彼此之間的吸引力，使關係更加親密和牢固。

人具有渴求互補的心理，這也是為什麼許多漂亮的女孩終會與一個才華橫溢而相貌平平的男子結合的心理動因。人通常對自己缺乏的東西有一種饑渴心理，而對自己所擁有的東西反而不太重視。

心理學研究發現：在某些人格範圍內，相反的個性品質會使人們更加相互喜歡。我們常常聽到戀人們的分手理由之一是：性格不合，潛台詞也許就是「我倆性格太相似了！」相愛容易相處難，兩個人若想長相廝守，特別是要生活一輩子，在相似性的前提下，性格上的互補性也很重要。想想兩個脾氣都很倔的人，在發生爭執或矛盾時，常常是你倔我比你還倔，沒有誰願意先退一步，結局自然是兩敗俱傷。

一個人的性格原本就不是那麼容易改變。而且這是多年培養出來的性格，所以很容易變成與生俱來的天性。正因為如此，人類才總是尋求一個能夠和自己互補的物件，來彌補自己的不足。一般而言，性格、志趣相同的人更容易相處，但在現實生活中，性格、志趣不同的人結為密友或夫妻的也並不少見，這就是互補因素的作用。

互補有兩大類：一是需要的互補，二是作風和性格上的互補：

需要的互補。個人在特定條件下的具體需要或優先需要不盡相同，在某些條件下，可以互補。也就成為相互吸引的一種因素。一個人如果打算籌辦一個企業，那麼他一般會選擇自己所缺乏的才幹和能力的人合作。如果自己善於經銷，那麼就會選擇精通會計的人合作。在這種情況下，兩者正好能取長補短，各得其所，有利於事業的發展。

作風和性格上的互補。比如，一個控制慾強烈的人與一個依賴型較強的人合作，就是典型的作風和性格上的互補。下列這些不同類型作風和性格的人，都可以互補，並建立融洽的人際關係：支配型與順從型；關懷型與依賴型；給予支持型與願意合作型；壓抑型與對抗型；自信自強型與優柔寡斷型；急躁型與耐心型；倔強型與柔順型；陽剛型與陰柔型；外向型與內向型；急性子與慢性子。然而作風和性格上的互補有一個前提條件，那就是他們的價值觀應該一致。

《西遊記》中，不同出身、不同性格的四個人走到一起，成了一個團隊，他們四人知識結構互補、性格互補，最終成為一個優秀的團隊，順利完成任務。《三國演義》中的劉關張三兄弟，他們三人的性格也是明顯地互補。

說了這麼多，我們想要表達什麼呢？我們想要告訴你的是，在人際交往中，人們常常受方位的鄰近性、接觸頻率的高低性和意趣的投合性影響，使人際交往的領域傾向狹窄。其實，決定交往對象範圍的主要因素，應該是需要的互補性，為了透過交往去獲得互補的最大效益，我們應當打破各種無形的界限，根據自己生活、事業上求進步的需要，積極參加相應的交往活動，主動選擇有益、有效的交往對象。

如果你發現自己某方面個性有缺陷，而又對某人這方面的良好個性十分羨慕和敬佩的話，那麼你為什麼不可以而且應當主動找他談談，用自己的感受與苦衷去引發他的體會與經驗呢？如果你覺得自己與某人的長短之處正好互補的話，為什麼不可以透過推心置腹的交往來各取其長，補己所短呢？

從思想品德的角度說，不僅與比自己德高性善的人交際，也要適當與比較後進的人交際；從性格的角度上說，不僅與性格意趣相近者交際，還要適當與性格迥異、意趣不同者交際；從專業知識的深廣度來說，不只限於與同一文化層次、同一專業行當的人交際，還應發展與不同文化層次、專業行業不同的人的交際；從家鄉習俗的角度來說，不僅要與同鄉、國內的人交際，還應當發展與異鄉人、外國人的交際……

這也正是日本組織工學研究所所長系川英夫談到的，「人事關係上的乘法」：「透過與不同類型的各種人物交往，可以獲得大量的情報資訊，利用這些資訊，便可以進行新的創造性活動。在與各種不同類型的人交往過程中，不僅可以產生一些新的設想，而且可以使自己的思想更加活躍。」

所以，在人際交往中，無論自己喜歡不喜歡的人，無論是否跟你性格迥異，你都要以寬廣的心胸來接納，廣交朋友才能博採眾長、克己之短、完善自我。

定勢效應──「想當然」容易犯錯誤

有一個農夫丟失了一把斧頭，懷疑是鄰居的兒子偷盜，於是觀察他走路的樣子、臉上的表情，感到言行舉止沒有一點不像偷斧頭的賊。後來農夫在深山裏找到了丟失的斧頭，他再看鄰居的兒子，竟覺得言行舉止中沒有一點偷斧頭的跡象了。這則故事描述了農夫在心理定勢作用下的心理活動過程。所謂心理定勢是指人們在認知活動中用「老眼光」──已有的知識經驗來看待當前問題的一種心理反應傾向，也叫思維定勢或心向。

來看一道題：一位警察局長在路邊和一位老人談話，這時跑過來一位小孩，急促的對警察局長說：「你爸爸和我爸爸吵起來了！」老人問：「這孩子是你什麼人？」警察局長說：「是我兒子。」請你回答：這兩個吵架的人和警察局長是什麼關係？

這一問題，在一百名被試中只有兩人答對！後來對一個三口之家問這個問題，父母沒答對，孩子卻很快答了出來：「局長是個女的，吵架的一個是局長的丈夫，即孩子的爸爸；另一個是局長的爸爸，即孩子的外公。」

為什麼那麼多成年人對如此簡單的問題解答反而不如孩子呢？這就是定勢效應：按照成人的經驗，警察局長應該是男的，從男局長這個心理定勢去推想，自然找不到答案；而小孩子沒有這方面的經驗，也就沒有心理定勢的限制，因而一下子就找到了正確答案。

你有沒有過這樣的生活經歷，口渴了你想倒些水喝，你以為水壺是滿的，便使出了足夠提得動的力氣，結果卻將水壺提得老高，原來水壺是空的，很輕。或者，某天你看到家裏有一個大紙箱放得不是地方，想挪動挪動，你運足氣一推竟推出好遠，原來箱子裏什麼也沒有，輕得很。

像這樣的事，我們一定常遇到。是不是很奇怪，我們常以自己的「想當然」去做事、看人，結果事情常常出乎「想當然」，這個「想當然」，往往是我們過去做事看人的經驗和印跡。

心理定勢指的是對某一特定活動的準備狀態，它可以使我們在從事某些活動時能夠相當熟練，甚至達到自動化，可以節省很多時間和精力；但同時，心理定勢的存在也會束縛我們的思維，使我們只用常規方法去解決問題，而不求用其他「捷徑」突破，因而也會給解決問題帶來一些消極影響。不僅在思考和解決問題時會出現定勢效應，在認識他人、與人交往的過程中也會受心理定勢的影響。

在人際交往中，定勢效應表現在人們用一種固定化的人物形象去認知他人。例如：與老年人交往中，我們會認為他們思想僵化，墨守成規，跟不上時代；而他們則會認為我們年紀輕輕，缺乏經驗，「嘴巴無毛，辦事不牢」。與朋友相處時，我們會認為誠實的人始終不會說謊；而一旦我們認為某個人老奸巨猾，即使他對你表示好感，你也會認為這是「黃鼠狼給雞拜年沒安好心」。

思維定勢對人的心理活動的影響既有積極的促進作用，也有消極的干擾作用。前者有助於認知思維活動的迅速、敏捷而有效地進行，後者則相反，它使創造性思維活動受到限制，難以突破舊框框，或使思維僵化缺乏靈活性，甚至造成認知的歪曲反映。

很多時候，阻礙我們學習、發展的並不是我們未知的領域，而是我們已學過的東西。認識了心理定勢的本質、特點，在我們工作生活中，你就可以巧用心理定勢助自己成功。

我們既然明白了思維定勢常常會導致偏見和成見，阻礙我們正確地認知他人，那麼在社會交往過程中，我們就不要一味地用老眼光來看人處事，這樣才不至於搞不清形勢。

另外在交際之前，如果時間條件允許，最好瞭解一下對方的心理定勢。人的心理定勢不同，對同一種資訊刺激的反應也不同。一個人說「不」時，整個身心處於收縮、緊張狀態，往往會一股勁地拒絕他人的意見；一個人說「是」的時候，身心處於鬆弛、開放狀態，容易接受別人的意見。研究和掌握對方的心理定勢是很必要的，這樣獲得正常而良好的回饋資訊。提問時要意識地讓對方的心理狀態形成便於回答的趨向，使對方的注意力集中於某個具體問題上，容易做出具體明確的回答。只有研究對方的心理定勢，你才能預計自己該發生什麼樣的資訊和對方做出什麼樣的反應。只有把握對方的心理定勢，才能獲得自己所期望的回饋資訊。

吸引定律—你能得到你想要的

在自然科學中，吸引定律是眾多宇宙定律之一，其內容為：「同頻共振，同質相吸」，這八個字的意思是說：同樣頻率的東西會共振，同樣性質的東西會因為互相吸引，而走到一起。共振會產生同質性，同質性會產生吸引力，吸引力會把這兩個共振體牽扯到一起。所以，假如共振性沒有改變，則在吸引定律之下，一樣東西將會不斷地持續擴大、成長。這種成長是自然的，而且是根植於自然法則的三大本質的，所以其威力是如此的強大，以至於沒有任何外力能夠阻擋它。

但我們在這裏要談的，是心理學上的吸引定律。心理學上著名的吸引定律是根據英文「Law of Attraction」翻譯過來的。簡單來說，就是一個人想什麼，他就會做什麼，一個人做什麼，他就會看到什麼，一個人看到什麼，他就會相信什麼，一個人相信什麼，他就會想什麼。

吸引定律最簡單的定義就是同類相聚，我們還可以用其他描述來定義：你能得到你考慮的，不管你想不想要。所有形式的物質或能量都吸引與之接近的頻率的東西，你就是一塊活著的磁鐵；你總是得到你花費精力和集中注意力的東西，不管你想不想要；能量吸引類似的能量，任何事物都吸引與其類似的事物。

吸引定律強調個人的主觀能動性，特別是強調人的思想和信念對每個人周圍的現實世界擁有決定性的影響。改變一個人的現實世界，首先要從改變頭腦中的思想做起。人的思想總是和與其一致的現實相互吸引。當你的思想專注在某一領域的時候，跟這個領域相關的人、事、物就會被你吸引而來。

如果一個人認為他的人生道路充滿陷阱，那這個人所處的現實就真的是一個危機四伏的世界，出門可能會摔倒，坐車會遇到交通事故，交朋友怕上當，稍有不慎就真的會惹禍。又比如：如果一個人認為這個世界人人都是有道德講義氣的，那麼他就總會碰到跟他肝膽相照的朋友。

知道為什麼嗎？因為人都是有選擇地在看世界，人們總是只看見和留意自己相信的事物，對於自己不相信的事物就會疏忽，甚至視而不見。所以我們所處的現實是受我們自己的心念吸引而來的，人也被與自己心念一致的現實吸引了過去。這種相互吸引無時不在，以一種人難以察覺的，下意識的方式進行著。

一個人的心念是消極的或者醜惡的，那他所處的環境也是消極的或者醜惡的；一個人的心念是積極的善良的，那他所處的環境也是積極的或者善良的。人如果能控制自己的心念（思想），使之專注於有利自己的、積極的和善良的人、事、物上，那這個人就會把有利的、積極的和善良的人、事、物吸引到其生活中去，而有利的、積極的和善良的人、事、物也會把這個人吸引過去。所以，要常常胸懷美好的希望，對現實世界心存感恩，樂觀的看待眼前的一切。從自己的內心開始修造，以正面積極的力量影響外部世界，幫助我們不斷成長達至成功。

自己認為不行，就不會去做，不做，就不會出現希望的效果，不出現希望的效果，就會認為的確不行，如此陷入「吸引定律」的惡性循環。反之，自己相信一定可以，就會有意識或無意識地採取行動，做了，就一定會有一些希望出現的效果，有了效果，就會增強自己的信心，信心增強，採取行動的意願更加強烈，如此進入「吸引定律」的良性氛圍。

學習運用吸引定律是一件很有趣的事情，因為你會總是期待地觀察，等待你想要的事情出現，你可以刻意地運用這個定律來創造你的未來。

怎樣使用吸引定律呢？吸引定律已經時刻在為你工作，不管你是否意識到。你正在吸引相關的人、狀況、工作等等很多東西到你的生活中。一旦你認識到這個定律，而且知道它是怎樣工作的，你就可以刻意地運用它去吸引你真正想要的東西到你的生活中來。

怎樣運用吸引定律來得到你的需要呢？方法很簡單，首先弄清楚你到底想要什麼。你必須對你想要的東西十分清晰和準確，集中注意力在它上面，向它傾注積極的關注和努力，就這麼簡單。聽起來很神秘玄妙吧？你可以試著期待你想要的事物，也許就真的如願以償了。

第二章 掌握求職心理，找到池塘釣大魚

所有人都知道這年頭找工作難，可是為什麼又會有許多企業找不到合適的人才？是真的缺乏人才還是求職者沒有找到適合自己的位置？在求職過程中，會有許多心理陷阱讓你不能如願以償，你知道該如何掃除這些障礙嗎？

自卑心理──找不到職場「制高點」

找到一份理想的工作是求職者最大的心願，而進入那些知名的大企業更是許多人的夢想。但有時在機會面前，多數人卻不肯相信自己的能力呢？這就是自卑心理在作怪。

信心不足產生的原因很多，有生理的、環境的、家庭的或社會的等諸多因素，但主要還是心理原因造成的。有些人具備了一定的實力和優勢，本來是有自信的，可是面對激烈的競爭，夢寐以求的企業對自己的履歷表一點回音都沒有，也許是投了無數份履歷表都沒有下文，於是開始覺得自己這也不行，那也不如別人，開始不敢面對機遇、迎接挑戰。

而另外一些人，在校學習不太好，自卑心理使得自己缺乏競爭勇氣，走進就業市場就缺乏自信心，參加招聘面試，心裡忐忑不安，在求職中總是自己拿不定主意；一旦中途受到挫折，更缺乏心理上的承受能力，甚至覺得自己確實真的不行。

一般說來，缺乏自信的人，多是性格內向、勤於反省而又敏感多疑的人。他們的自尊心很強，但不懂得如何積極地獲取自尊，而是採取消極退避的方式以保護自尊。正是為了追求一種不使自尊心受到傷害的安全感，為了不在別人面前暴露自己的弱點，於是不敢坦率地介紹自己，不敢大膽地推銷自己。他們唯恐別人瞧不起自己，實際上正是由於自己低估了自己，而別人對他們的輕視態度，常常是由於他們自己的自卑和退避所造成的。

在激烈的擇業競爭中，這種心理障礙是走向成功的大敵，必須加以克服。其實，心理上的最大障礙是自己，阻礙成功的最大敵人也是自己，不要總是想像負面的結果。

自卑感往往產生在自我表現的過程中，要克服自卑感，就必須學會恰如其分地表露自己的才能。心理專家們建議，自卑感強的人，不妨多做些把握較大的事情，因為任何成功都會增加人的自信，循序漸進地鍛鍊自己的自我表現能力，是克服自卑的根本途徑。

最好的辦法是把自己的優點集合起來，一一列舉，做成一個優勢清單。所謂的優點是能如何運用你的才華、能力、技藝與人格特質出色地完成工作，這些優點也就是你能有貢獻、能繼續成長的要素，這個優勢就是你競爭的法寶。

那些不相信自己的求職者們，如果連履歷表都不敢投，又怎麼可能會有好的機會呢？如果你一開始就給自己一個較低的定位，又怎麼能搶佔職場的「制高點」呢？不管結果怎樣，至少都要有試試看的勇氣吧？試著相信自己，給自己一個機會。

盲目心理—求職失敗的心理大敵

你是依據什麼在找工作？會去哪些企業求職呢？如果是到處投履歷表的行為，就是盲目心理。

至於，你覺得企業的哪些資訊是需要瞭解的呢？二三％的人要考慮企業的性質規模；二七％的人想要瞭解以後會不會有發展；二九％的人表示薪資待遇、人文環境都是需要瞭解的；還有二一％的人不做瞭解，只要專業對口，就去投履歷表。這種對將要去的企業一無所知的行為，也是盲目心理。

另外一些盲目心理的表現是：不明確自己的職業定位；求職之前不做任何準備；一切順其自然，有工作就可以……

大家都知道目前職場求職競爭非常激烈，於是挖空心思、想盡各種辦法去求職，但是，我們看到了，許多時候大家卻非常地盲目，其中重要的原因就是對職場認識迷茫、對自身認識不足，沒有做好有針對性的準備。招聘上，東奔西走、四處打探，就像一群自由電子，自由移動、自由奔跑、自由撞擊，不知在哪一條路徑上，奔向那個屬於自己的目標。

在這個網路發達的時代，網路給人們帶來了非常多的便利。人們可以通過職位搜索器挑出上百個相關的訊息，然後只用短短的五分鐘，就能投出數百封履歷表。於是，隨著求職競爭的加劇，應聘者抱著「海投」的求職心態，希望多投一份履歷表，能多一分希望，這樣的迫切心情在應屆生中尤為強烈。

那麼，結果如何呢？事實證明，「海投」的成功率很低。一份知名求職網站的資料表明，網路履歷表投遞的回覆率不到一〇%，一些通過「求職通」和「履歷表群發器」等電腦軟體「海投」的履歷表，回覆率更不到一%。即使是名稱相同的公司，其工作內容的差異性都很大。因此，公司的HR們對於一些「大眾化」的履歷表基本不會考慮。此外，一些公司的伺服器會過濾群發郵件，也許你「海投」的履歷表沒到達HR的手中就直接進入了「垃圾箱」，怎麼可能達到預期效果呢？

而且，許多求職者不僅對專業的優劣勢缺乏瞭解，而且對所應聘企業及職位缺乏瞭解，這是造成他們徒勞無獲的最主要原因。

從外在因素來說，要考慮當前的整體就業環境和就業趨勢，各行各業的現狀及發展前景，自己面臨的一些就業機會，以及自己的家庭環境等因素；而從自身的角度來講，瞭解和分析的主要因素應該包括：我喜歡做什麼（主要包括職業興趣、職業價值觀等）；我適合做什麼（主要包括職業性格、氣質、天賦才幹、智商情商等）；我擅長做什麼（主要包括職業能力傾向，比如言語表達、邏輯推理、數位運算等）；我能夠做什麼（主要包括自己掌握的的專業知識、技能、和工作經驗等）。

每一位求職者都要對自己的就業方向早做規劃，在就業之前多瞭解與專業相關企業的資訊，通過多管道瞭解就業市場的需求情況，招聘單位對應聘者的知識、技能的要求情況等，以便隨時完善自身的知識和能力體系，要邊規劃邊學習，再規劃再學習，以適應市場的需求。

浮躁心理—操之過急不切實際

在一個經濟發展的社會轉型期，人們產生浮躁心理是難免的，但是，這並不意味著它可以被縱容。浮躁心態對每個人的成長都是非常不利的。

浮躁，在心理學上主要是指，因內在衝突而引起的焦躁不安的情緒狀態，一個人一旦被這種情緒困擾，就會感到迷茫、徬徨，不知何去何從，從而迷失人生目標，失去快樂心境，體味不到生活的樂趣。

求職者面對求職就業的壓力，偶爾有急躁心理也是無可厚非的，但如果長期處在「浮躁」狀態下以及因為浮躁而做出的盲目選擇將對其自身發展產生不利影響，從而帶動社會上一大批人產生「浮躁」心理，不利於社會的進步和發展。

為什麼那麼多的求職人會滋生浮躁心理呢？都有什麼行為表現呢？

最典型的表現是急功近利、急於求成，但是對自身價值卻認識不清。花旗銀行看上了一名外語專業的女生，她的英文聽、說、寫能力，財經知識都令公司滿意。問到待遇時，該女生說：「月薪低於四萬我就不想做。」她最後沒被錄取。相關負責人解釋說，求職者並非不能向企業提出薪水要求，而且花旗銀行員工的薪水超過四萬元也非常正常，但這名女生的回答讓對方認為，「她將物質看作了工作的動力源，求職心態浮躁」。

這種類型的求職者認為自己在擇業中具備種種優勢，因而過分自信，擇業胃口吊得很高，挑來挑去挑花眼，心裏容易產生得意、焦慮、傲慢、浮躁等情緒，在面試中流露出一副非我莫屬的模樣。殊不知，對於急功近利、洋洋得意的人，考官往往很反感。結果往往自己的優勢是用人單位所不需要的，而用人單位需要的工作經驗等要求又不具備，到頭來往往會由於對自己優勢估計過高，對自己的劣勢估計不足而在擇業中受挫。

浮躁心理的另外一個表現是頻頻換工作。小楊是某知名學校的應屆畢業生，去參加招聘會的時候，小楊自信滿滿，因為在他的個人履歷中，羅列了在大學期間兼職於若干家公司的經歷，並稱自己「累積了豐富的工作經驗，可以立即勝任任何工作」，結果卻大大出乎他的意料，沒有一家公司錄用他。

這倒是讓人比較意外，公司不都喜歡工作經驗豐富者嗎？據瞭解，用人公司單位是這樣想的：像這類兼職過多的學生，心態太浮躁。實習和兼職時就不停地跳來跳去，真正參加工作了也不一定會安心，說不定幹不了幾天又跳槽了。公司需要的是踏踏實實的人。

用人公司單位這樣想確實有道理：一個人，如果老是不能使自己安定下來，也是一件很悲哀的事情。浮躁，意味著沒有恒心，做什麼事都毛毛躁躁，心思集中不起來，而且還特別容易急躁，動不動就怨天尤人，發脾氣，甚至撒手不幹，不斷「跳槽」換工作。

另外一種浮躁行為的表現是由於屢屢求職失敗，有的人產生了陰影，雖然在不停地投履歷、不停地參加筆試、甚至不停地參加面試，但總不能夠得到一家公司單位的最終認可。究其原因在於這些人只是機械地參加筆試和面試，根本沒有找對求職方向，關鍵在於心態的浮躁，不能靜下心來總結一下。一味焦慮，麻木不仁地去投送履歷，最終只會一敗再敗。

求職心態浮躁，功利心太重已經成為許多人的求職障礙，成為求職的第一大「心病」。好高鶩遠卻不願付出代價，急於求成而不講究實際，浮躁之人是不可能有出息的，我們一定要克服浮躁心理。

在這個浮躁的社會中，努力使自己保持一顆平和的心態，不在隨波逐流中失去自我。腳踏實地走好每一步，相信「水到渠成」、「天道酬勤」的道理。如果求職者能夠克服浮躁心理勤快做事，對工作不是過分挑揀，找到合適的公司是沒有任何問題的。

但是，大家都懂得「知易行難」的道理，為了不讓浮躁吞噬我們的前途和夢想，為了讓自己以後能夠在人海中「浮起來」，必須現在把心踏踏實實地「沉下去」。

高不成低不就的心理——理想與現實的激烈碰撞

很多從知名學校畢業者，對求職前景都相當樂觀，但忽略了自身沒有經驗的問題。有些學生學工商管理，畢業以後馬上想做專案經理助理，但一般說來，這樣的職位需要有三年以上工作經歷，不會接受一張白紙的應屆畢業生。用人公司單位考慮到實際情況，請他從基層的銷售做起，累積經驗作為後備人才，他又覺得前途渺茫。這種情形背後就是高不成低不就的心理。

據知名職業顧問機構的調查顯示：在未找到工作的畢業生中，竟有約六〇%的學生，是因為「眼界太高」才與工作擦肩而過的。而這類學生，往往畢業於知名大學。無獨有偶，在眾多「跳槽未遂者」中，有許多都曾在知名企業中工作過。

知名大學、著名跨國公司……這些令人羨慕的「就業資本」，為什麼沒有被好好利用，反而成為就業者職業生涯的障礙？盲目樂觀地估計了自身條件和面子觀念，是高不成低不就心理的兩大成因，也是許多人找不到工作的重要原因。

也許你是知名大學畢業的學生，但在職業生涯的起步階段，你並沒有太多優勢。你的職業競爭力所在，僅僅只是停留在理論上，你同樣具有應屆畢業生的最大劣勢：缺乏工作經驗和社會經驗，任誰都沒有太大差別。而那些從大公司跳槽出來的人，希望找更好的公司的想法是很正常的，這是一種積極的職業觀。但什麼是更好的公司，每個人都有自己的定義，如果單純地比實力、比名氣，比規模……是不可取的。因為有發展潛力的公司，可能規模上、實力上還比不上老東家，但這只「績優股」能在若干年後給你一個大驚喜；而一個能給你足夠發展空間的公司，雖然承諾你的薪水不比原公司，但你能得到更大的職業發揮空間和發展機會，千萬不要為了面子影響前途。

每一個即將踏入職場或者已經身在職場的人都要明白，不管你的學歷有多高並不代表你就是高端人才，只能說明你受過高等教育。在選擇工作時，既不能過高估計自己，也不能為就業而降低對自己的評價。

每一個行業中頂尖的人才都是經歷過社會錘煉的。如果你還年輕，那麼對你來說，重要的是要敢想、敢冒險，善於學習、善於從實踐中獲得經驗。年輕人最大的資本就是可以毫無顧慮地做很多事情，這是一種積澱，所以說，趁年輕時多學習點東西，多嘗試些有用的工作，絕對不是壞事。

而且，越是高層管理人員越是難做。如果沒有足夠的歷練和觀察，即便給你一個很高的職位，你也未必能搞定。所以，當你的閱歷和見識不夠的時候，還是虛心學習為好。早點踏踏實實做點工作，才有望靠近自己的理想，能屈能伸，方是英雄本色。

雖然每一個行業都有其存在的價值，每一個公司也都有不可替代的作用。你可以從最底層做起，但你一定不能不思進取，甘於平庸。不要給自己找藉口，無論什麼職業，都可以不斷學習創新。是否能夠成功地從目前的工作中脫穎而出，關鍵是我們自己的選擇，是得過且過，還是追求卓越。

將要踏入職場的人，大多都充滿激情和幻想，有做大事業的熱情和衝動，有不切實際的遠大理想和抱負，人在地上還沒有站穩，思想卻已經飄在雲端上，可謂大事幹不了，小事不願幹。所以，你必須清楚得認識到，現在自己還不是一顆珍珠，你還不能苛求立即被別人承認。如果要別人承認，那你就要由沙子變成一顆珍珠才行，若要使自己卓然公眾，那你就要努力使自己成為一顆珍珠。成長的道路是痛苦的，蝴蝶在由蠕的時候，也是醜陋和痛苦的，但一旦衝破了繭的束縛，將化為美麗的蝴蝶，得到真正的自由和快樂。

患得患失心理——讓你舉棋不定無所適從

害怕得不到最好的，得到了又害怕失去，這就是患得患失，一種心理吝嗇。不少優柔寡斷性格的人在一些微小事情上猶豫不定，比如午餐的功能表定不下來，為今天穿什麼衣服就要苦惱一個小時等等，這是典型的患得患失。

「就要A吧，可是B也不錯」。為此而苦惱的心理背景是，對於什麼事「不想受損失」、「也不想遭到失敗」。換句話說，優柔寡斷的人，就是那種處於「心理吝嗇狀態的人」。比如，自己花三千元買到了一套衣服，卻看到別人才花了二千元在打折店就買到手了，無論是誰都會感覺到自己吃虧了。但是正常人過一陣子也就算了，但患得患失者卻在以後的生活中，即使看到很喜歡的衣服也不敢買了，總是想著「再便宜點就好了」、「別的地方也許有打折」。這時候，這件衣服可能已被別人買走了，於是陷入更加後悔的心情之中。但是，選擇的規律本來就是「選擇一個就失去除此以外的。」如果你這個也要，那個也要，貪得無厭最後可能什麼也得不到。

在求職過程中，具有浮躁心理和盲目樂觀心理的人尤其容易患得患失，這樣往往會讓他們錯失良機。

人生總是面臨著各種選擇，選擇的標準常常是得與失。事實上，標準只有失而不是得，對於得人們是不會拒絕的，人們更多的是考慮失，也就是說人們在實際生活中是患失不患得的；之所以患得是因為此得可能意味著更大的失。如果說失是痛苦根源的話，那麼人生就始終處於痛苦之中，因為人生的過程就是不斷失去的過程。我們依次失去童年、少年、青春、中年和老年最後失去自己的生命。總這樣想，怎麼可能快樂？

社會競爭日趨激烈，對人的心理素質、適應能力提出新的要求。每一位求職者，都是一個社會公平競爭的平等參與者，競爭要求畢業生具備良好的身心素質，否則很難在社會上立足生存。健康的心理是一個人事業能否取得成功的關鍵，世上沒有絕對完美的職業和工作，所以我們都要調整好心態，抓住時機。

畏懼心理─讓你自信喪失面試失敗

小麗是個靦腆的女孩，每次去應徵都是輸在面試上，見了面試官，如履薄冰，手腳不知往哪放，頭不敢抬，眼睛也不看人，低著頭在那等過關，本來平時都回答上來的問題，這時腦子一片空白，還出現答非所問的現象，回來後又懊惱不已，自慚形穢。越是這樣，就越是嚴重影響下次面試的心態，產生畏懼心理，形成惡性循環，慢慢失去了信心，再也不想去面試了。

像小麗一樣，許多內向、自信不足的求職者，尤其是女孩子，都是因為畏懼心理而表現不佳，從而丟掉了很多機會。她們當然希望給對方留下好印象，但又總是懷疑自己的能力，不相信自己能夠做到，彷彿自己的一舉一動都是在公眾面前演出，所以只要置身於陌生人面前，便會產生不知所措的驚慌。有的人會出現臉紅、低頭、傻笑、出冷汗等笨拙的動作，有的人還會出現喉頭顫抖、發音吐字不清，甚至嗓子突然失音、全身發軟等現象。這些缺乏自信的表現，往往給對方缺乏生氣、能力低下、適應性差的感覺，從而導致面試失敗。

為什麼會畏懼呢？從心理因素來說，參加面試的人都有或強或弱的自我意識和自尊心，他們會較多地考慮自己的社會地位和未來的發展，注意別人對自己的評價。當他們發現自己的某些缺點，特別是求職面試過程中受到挫折後，為了維護自尊心，就會在面試中採取迴避的態度，表現出一種畏懼的傾向。

面試過程中的畏懼心理主要有以下三種表現：

第一、陌生恐懼：一見陌生人便臉紅、緊張、說不出話，感到渾身不自在，這便是陌生恐懼。

第二、群體恐懼：當你去某公司人事部門應徵，而辦公室裏有許多人時，你發覺眾人的目光都在投向你，便會感到緊張與不自在。因為對方是一群人，而你是單獨一人，自然而然就產生一種群體恐懼。

第三、高位恐懼：當去某公司應徵時，面試的人如果是高階幹部，則往往會被他們的職位嚇到，一見面就會莫名其妙地緊張和不安，這就是高位恐懼。

其實，所有的這些恐懼都是沒有必要的；別人在你的眼裏是陌生的，你在別人眼裏也是陌生的，所以大可不必恐懼。至於群體恐懼，你應該這麼想：我是來應徵的，而我各方面的能力水準都不錯，正是他們理想的人選；面對高位恐懼呢，你應當這麼想：對方地位高，名聲大，但他們不是神，地位和頭銜不過像一個人的衣帽罷了，從人格上說，人人都是平衡的。這樣便會增加自己的勇氣，建立與對方平等的關係，使面試順利進行。

下面來告訴你一下可以幫你消除恐懼的方法：

應徵面試時的服裝，已不是件普通的衣服，同時也是一件保護心靈的外套。穿上相應檔次的服裝，提高自信心。適當提高服裝檔次，穿得整潔大方，與對方建立起平等關係，就不會膽怯了。要是穿得太隨便，看著對方西裝革履，自感相形見絀，就會信心不足，站在別人面前，心理上就已比別人低了一等。

公開說出自己的緊張，讓對方幫你放鬆。當面對眾人或陌生人感到緊張時，不妨乾脆說出自己的感受，自嘲可以緩解緊張的情緒，使自己輕鬆起來。

親切有神地與對方進行目光交流，消除緊張情緒。應聘者在與招聘者會見時，要儘量建立平等的關係，當覺得心理害怕，很可能會被對方壓倒時，最好鼓起勇氣，抬起頭來注視對方，用親切有神的目光與對方交流，會消除緊張情緒。

深呼吸能使你增添勇氣。如果在步入面試大門之前，認真做幾次深呼吸，心情肯定會平靜許多，使勇氣倍增。與陌生人第一次會面，特別是在關係應徵成敗的面試時，心理膽怯、情緒緊張是可以理解的。另外，把拳頭握緊、放鬆，反覆幾次，也有助於情緒的安定。如果你覺得自己在求職面試過程中可能感到信心不足，在日常交往活動中不妨試著從以下幾個方面來強化自己的自信心，為成功的求職做準備：

第一、在陌生人面前，你不瞭解對方，但對方也不瞭解你，要充分意識到自己的有利條件，不可妄自菲薄。

第二、保持與對方談話中的沉默間隔，不要急不可待。這樣會使你有更多的思考時間，也使對方感到你是一位充滿自信的人。

第三、如果對方聲音超過你，你可以突然把聲音變輕，這種音量差會給對方造成心理壓力，使對方更想仔細地聽你說。

第四、盯住對方的眼睛講話，如果對方回避你的目光，說明你比他堅強。

第五、經常考慮這樣一個問題：人各有長短，都存在著有求於人和被人所求的可能，不能因為有求於別人就感到自己低人一等，也不能因為被人所求而趾高氣揚。

攀比心理—陷入「高處不勝寒」的尷尬處境

兩位同宿舍的好友面臨著畢業找工作，幾個月的奔波下來，其中一位已經與一家效益和發展前景都不錯的公司簽訂了就業協定，而另一位還在奔波。自己看好的公司，人家沒看上；公司有意願的，他卻看不上。有幾個公司給他發郵件或面試通知函，結果卻不了了之。臨近畢業，就業形勢更加嚴峻，他焦慮不安，內心越來越緊張；認為：比自己差的朋友都找到了工作，而自己還不知要找到什麼時候？

這是求職過程中常見的現象：攀比。擇業過程中常常存在這種攀比心理，有一些求職者尋找就業工作時，往往是拿自己身邊朋友的就業擇業標準來定位自己的就業擇業標準，這樣就很難客觀地認識自己。在這種心理影響下，即使某公司非常適合自身發展，但因某個方面比自己的朋友選擇的就業公司存在些許差別，就彷徨放棄，事後卻又後悔不已。他們往往以誰去了知名度高、效益高的公司，誰去了大城市或高層次部門來作為自己價值的評價標準。尤其是學習成績稍好一點更是在心理上有「我不能比別人差」、「我不能不如人」、「過去我一切順利，現在我依然會順利」的想法。但他們不知道用人公司並非以此作為評判人才的唯一標準，這些熱衷於攀比的「高材生」最終只能「高處不勝寒」的日子中體會孤苦與冷清。

攀比心理是一種不願落後於人、超群好強、物慾性強的內心綜合流露，這種心理在特定情況下能起著積極性作用，但其消極作用更大。而自卑心理，是導致攀比心理的一個重要原因。

攀比心理通常是以自我和虛榮為基礎的，追求的是：別人有的我要有，別人沒有的我也要有，以顯示我和你有「公平」的待遇，甚至我好過你，以此來獲得心理滿足。有的求職者擇業時，缺乏對自我的客觀分析，不是從自己的實際情況出發進行擇業，而往往是以周圍人的擇業標準來定位自己的就業標準，即使有公司非常適合自身發展，但因為某個方面比不上別人選擇的就業公司，就彷徨放棄。盲目攀比的結果只會是錯過成功的機會。

在就業工作中，由於每個人生活的環境、家庭背景以及能力和性格、所碰到的機遇是不盡相同的，因而在擇業目標、職業選擇上不具有可比性。而年輕人血氣方剛，喜歡爭強好勝、虛榮心較強，容易引發攀比心理。表現在求職擇業過程中，就是忽視自身特點，對自我缺乏客觀正確的分析，不從自身實際出發，不考慮所選公司是否適合自己，而是盲目攀比，不屑到基層工作，總想找到一份超過別人的工作，這種攀比心理使得不少畢業生遲遲不願加入。

每個人擇業時都要做到實事求是地評價自己，對自己有個正確的認識，性格、興趣、特長，要明確自己想做什麼和能做什麼；也要瞭解擇業的社會環境和工作單位，正確地認識面臨的就業形勢，瞭解社會需要什麼樣的人。

但很大一部分人不能夠做到，因為對自身和社會都認識不足，所以許多人在求職時不是從自身實際出發，而是與別人攀比，特別是看到與自己成績、能力差不多的人找到令人羨慕的工作、獲得可觀的收入時，覺得自己找不到理想職業，很沒面子。為了獲得心理上的平衡，將自己擇業的目標設計過高，其結果是高不成、低不就，錯失了一些就業單位，陷入苦惱之中。

面對殘酷的現實，有人能及時進行心理調適，發揮其特長，很快的加入工作。而另外一些人卻總是比來比去，錯失良機，給自己造成極大的不安，也錯過找工作的黃金時間。

不同公司的用人要求不同，每個人都應該根據自己的優勢和劣勢尋找適合自己的工作。在求職前，必須先分析自己的興趣特長、性格氣質、能力水準等，瞭解自己的價值觀、就業傾向、就業態度，分析自己的求職技能和技巧，從內心尋找自己想做什麼、能做什麼，客觀分析自己的競爭力如何。要做到自己與自己競爭，而不是一味與他人攀比。不從實際出發，不考慮擇業時的各種整體因素，結果只會延誤商機，影響就業。所以必須正視社會、正視自身。

「零報酬」心理——信心與無奈的體現

孫小姐大學畢業後，到一家知名外商應徵。在送上自己的履歷表之後，她向人事經理提出：「我應徵貴公司辦公室的實習人員，前三個月不要薪水，免費工作。」

人事經理聽了，好生納悶，因為在招聘中，他見得更多的是談待遇、條件和工作環境的，自願「零報酬」的人今天算是頭一回碰上。他感到不解，於是有幾分奇怪的問：「免費打工？孫小姐，你這是什麼意思呢？」

她微微一笑：「在彼此不瞭解的情況下談薪水不合時宜，也不符合我的做人原則。萬一我是個繡花枕頭，你們公司難免吃虧。如果我是個相當不錯的人才，我對你們開出的薪水可能會感到不滿意。所以我願意先做再說，等實踐證明了我的能力後，再來談薪水怎麼樣？」

最後，孫小姐順利地被這家公司錄用。當然，她的薪水不會是「零」的。三個月後，她拿到了她該拿的那份薪水。畢竟，這類品牌外商並不賊摳，當初同意孫小姐來，也不是想佔「免付三個月薪水」的小便宜，而是為她的個性化舉措所打動，想看看這女孩到底有什麼特別的能耐。

因為多種原因，孫小姐最終沒有繼續做下去。但從那家外商出來後，她憑藉已有的某種「資歷」，很快就被另一家在當地也很有名的合資企業招聘了。

以後三年裏，孫小姐又換了幾次工作，出色的資歷成為她應徵勝出的「資本」。她說，當初提出零報酬爭取到那家知名外商的工作機會，目的就是為下一個職位打基礎，說白了，就是要借光或是鍍金。雖然在這些公司裏，你得到的職位並不高，但知名企業在現代管理機制和對員工的任用、培養方面，有它獨特的優勢。在這樣的公司工作，除了能給自己的職業生涯借光、鍍金外，還有助於實際鍛鍊自己的工作能力，為以後尋求新的發展機會奠定基礎。

對求職者來說，敢於提出零報酬的要求，實屬無奈之舉，也是自信心的表現。但這種方法並不是什麼時候都管用的，有的公司並不買帳。

小林在招聘會上看到了自己中意的工作，於是向招聘人員遞交了求職履歷表。但是在接下來的面試中，因為相關經驗的缺乏，小林與這份工作失之交臂。

在被這家公司婉拒之後，小林鼓起勇氣給這家公司打了電話，表明自己很喜歡這個職位，並表示如果公司能錄用自己，自己願意在試用期內免費為公司服務。

「我很清楚主動提出零薪酬就業意味著什麼，可能會成為公司的免費勞動力，但是如果不去爭取的話，就意味著失去一次就業機會。即使有一％的希望，我也會努力地去爭取。」小林無奈地表示，現在的公司應徵人時，都要求有一定的工作經驗，應屆大學生經常被拒之門外，所以他只好透過這種方式來求職，然後慢慢累積工作經驗。

但讓他意想不到的是，公司對他「零薪酬」求職並不感興趣，最終也未能與他達成聘用協議。公司負責人表示，首先他們瞭解零工資就業不符合相關規定，是不合法的。而且他們對免費勞動力也並不看好，「我們招聘的是合乎公司要求的人，並不會單純因為誰的薪酬要求低就錄用誰。」況且，提出「零薪酬就業」，從側面也反映出這名大學生不成熟的心態，「如果對自己的能力都不相信，那又怎能勝任以後的工作呢？」

我們可能都覺得小林有點冤枉，為了爭取一個試用機會，主動提出願意「零薪酬」，卻被公司認為缺乏自信而拒之門外。從小林求職的現象來看，說明莘莘學子們的就業觀念正從盲目追求高薪的誤區得到理性回歸，能夠促進公司量才付酬，才適其值。但是若一味壓低自己的「期望薪酬」，則有可能物極必反，因為任何一個有遠見、有眼光的老闆都不會喜歡一個缺乏自信的人才，哪怕你是免費試用的。可以說，求職時如果缺乏明確的就業和發展方向，片面地採取「廉價」求職方式，必然會陷入「人才低薪，公司拒收」的尷尬境地。

那麼這種零報酬心理到底是信心滿滿還是信心不足的表現？每個企業會有自己不同的看法。也許，零報酬策略告訴你最重要的道理是：在任何問題上要想獲得突破，都要有適合你的、與眾不同的謀略。機會是平等的，但是通向成功的路卻不可能是一樣的。求職作為一種提高自己才能、積蓄力量的手段，我們應變被動為主動。

不管零報酬心理的機制到底怎樣，這都絕對是一種短暫行為。如果求職者想採取這種策略，一定要至少考慮以下三個因素，不可弄巧成拙：企業必須享有較高的知名度；能為求職者提供職業生涯所需的某些無形價值；求職者應該有明確的目標方向，就是我想從企業得到什麼，能否讓自己增值。

第三章

初入職場之中，要懂得心理調整

每一位應屆畢業生剛踏入職場，在生活方式上，由悠閒的校園生活被緊張的職場打拚所替代，往往會面臨著巨大的心理落差，迅速的角色轉換會讓大部分人無法適應，帶來焦慮和壓力，甚至產生對自身能力的懷疑。剛畢業的大學生，面對全新的工作公司和複雜的人際關係，一般需要三至六個月的適應過程來完成角色轉換和心理調適，在此期間你需要明白很多道理。

大學畢業生的「上班恐懼症」

每年的碩士研究生報名時期，除了一些在學校中就立定志願以考研為終極目標的求學者之外，還有很多半路出家的考研者投入到考研大軍中。而這些半路出家的考研者，他們之中的絕大多數，都是工作一、二、三個月的應屆畢業生。在經過了一段時間的工作歷練之後，很多職場新鮮人都對職場表現出了無法適應的恐懼情緒，患上「工作恐懼症」。因此紛紛將考研作為自己的救命稻草，渴望回到學校的淨土。

他們都患有職場新人的「上班恐懼症」，什麼是上班恐懼症呢？就是對上班或工作情景感到畏懼，臨近上班時間越臨近，這種畏懼情緒越強烈，心理緊張程度越高。出現這種症狀的人，多是性格比較內向、平時與社會接觸較少、心理素質存在缺陷、在人際交往上存在一定問題的人。有些已經畢業一年的大學生依然有不同程度的心理問題。

我們可以在各大論壇上看到不少這樣的帖子：

「上班時就想到什麼時候辭職；還沒做，就打算做完試用期就辭職；一上班就想還是學校舒服。」這個帖子引起了不少共鳴者。有網友回帖說：「每天早上醒來，一想到要看到辦公室裏那一個個板著的臉就開始發愁，連晚上睡覺都會夢到工作中的點滴小事，每天都如同煎熬一般，惶惶不可終日。」相信這是許多人的心聲。

為什麼會有這麼多人害怕上班呢？沒有做好就業的心理準備，無法以積極態度融入工作環境，同時在校園裏未涉及太多人情世故，以至於在工作中經常受到責罵，使得大批畢業生逃避工作，患上「工作恐懼症」。原因大概可以歸納為以下三點：對角色轉變的擔憂；對工作本身的畏懼；對人際交往的恐懼。

剛工作的人都有新鮮感，但沒多久就產生厭倦，害怕上班，想放一個長長的大假，甚至永遠都不想工作，但生存的壓力告訴我們不可能。雖然多多少少能找到點成就感，但入社會越深，發現人性越複雜，這個社會永遠比想像的複雜，勾心鬥角，爾虞我詐，絲毫不比電影裏遜色。千絲萬縷的利益關係，使得單純的大學畢業生們試圖避開這一切，由此發展到害怕上班。

但是不工作又是不可能的，大學畢業生們該如何克服「上班恐懼症」，早日走上正常的工作生活呢？

首先要調整認知。每個人都不可能老是停留在學生時代，早晚要走出校園，最終都要工作，每天憂心忡忡是無法改變任何事情。與其消極痛苦，不如積極適應。

其次，要多學習與人交往。體會交往的樂趣，交往既不可怕，又可以學習。同時不要把注意力都放在對上班的擔憂上，想像一下上班後可能獲得的成功和喜悅，幫助自己克服恐懼。

第三，充分放鬆。放鬆訓練在很多書上都有介紹，可以自己學習訓練。

第四，多求助別人。通常自己是無法克服恐懼的，總是試圖迴避。所以不要放棄自己，求助專業人士，比如職業指導專家、心理諮詢師等，他們會從職業的角度出發，給你科學的指導。而且你不用擔心，他們絕對會理解和尊重你。

如果你還是位在校學生，那麼要提前為此做好準備，在校期間應該多參加學校的就業指導課程，在學校就開始進行「預防」。對於已經踏上工作公司的畢業生，如果碰到問題，則完全可以和公司的人事部進行溝通。另外，職業專家還提醒，畢業生要學會確定階段性目標，在平時的工作中有意識地訓練自信心，學會自我調節，提高抗挫折能力。所有患上「工作恐懼症」的職場新人，都一定記得，不能以逃避作為面對問題的態度。調整心態，積極融入工作環境，才能幫你順利度過這段轉型期。

入職前的心理和角色轉換

隨著生活條件逐漸優渥，很多職場新人在步入社會之前，大多生活無憂無慮。而步入職場之後，迅速的角色轉換會讓大部分人無法適應，因此帶來焦慮和壓力，甚至產生對自身能力的懷疑。

小玲大學畢業，她的父母找了很多關係才把她安排到銀行工作，一開始她還感覺挺新鮮的，但做不了多久，她就覺得這項工作太枯燥了，整天就是在數錢，沒有一點樂趣，而且單位裏經常舉行業務考核，同事們都很刻苦地練基本功，而她十分厭煩這種「毫無創意」的練習，每次考核中她總是落後於他人，一開始大家因為她是新人而原諒她，但時間久了，各種批評和議論就多了，她因此也就不怎麼想去上班了。從事第二份工作也是如此，在辭去了第二份工作後，她對自己是否能正常工作產生了懷疑。

剛開始工作的時候，一切都是新鮮的。一段時間過後，剛入社會的新鮮感慢慢變淡，所謂的「白領」生活並非想像中那樣光鮮，因為一切生活的瑣碎事項都要靠自己解決。以前以為不應該一個大學畢業生做的「低層次」的事一樣也逃不過，吃苦受累已是再所難免，什麼大學生的優越感，早已不復存在，研究生又如何？社會才是真正的大學，也許這就是「磨練」吧。做了幾個月才知道，原來「外貿」、「白領」並不是那麼舒服的活兒。往往剛畢業時我們都期望很高，恨不得一年奔小康，兩年當主管，三年做經理，四年買車買房。但真得做起來就知道沒那麼容易的事，除非好運氣都被你遇上……這是大部分職場新人的抱怨。

從學生生涯邁入職業生涯，是人生一個重要的轉捩點，這種角色的轉換，需要跨過很多道溝溝坎坎。所學專業和工作不對口，跳槽的念頭時常在腦中打轉，可是你又不知道自己究竟能做些什麼；資深的同事總是差遣你做些無足輕重的雜活，讓你覺得屈才；辦公室複雜的人際關係讓你無所適從，漸漸變得不知如何與同事相處、溝通……，由此帶來的種種問題成為職場新人們的心理障礙。

巴望著像鴕鳥般「躲」在校園的學生不在少數，但踏入社會終究是無法逃避，關鍵是要做好心理調適：

首先要明白，理想和現實是有差距的。雖然當前的大學生很清楚大學生就業形勢的嚴峻，但在工作上都仍然會出現一些比較理想的想法，希望自己所在的公司規模要大，知名度要高，管理規範和成長空間大。然而現實卻又有多少人能夠進入大公司從事著高級的白領工作？即便是大公司在管理上也會存在一些的問題，並不像你所想像的那麼完美。更多的畢業生會進入一些中小企業去工作，在那裏會有更多的不適應，也會存在更多的問題，特別是一般都會讓大學生從底層的工作做起，從事一些簡單和枯燥的工作。在這種情況下，與他們所想像的理想工作存在很大的差距，於是，就會出現心理不適應。

其次，要試著提高自己的心理承受能力、獨立生活能力、人際交往能力、應對挫折能力、應變能力。總而言之就是要你成為一個獨立堅強的社會人，心靈強大到足以面對生活給你的任何考驗。然後，還要增強角色意識。你將要進入新單位，應認清自己在工作環境中所承擔的工作角色以及這個角色的性質、職責範圍，弄清楚工作關係中上級賦予自己的職權和自己承擔的義務。如果角色意識淡漠，一意孤行，我行我素，勢必與新環境格格不入。

剛畢業的大學生離開學校進入社會後，面對全新公司的工作和複雜的人際關係，一般需要三至六個月的適應過程來完成角色轉換和心理調試。

在這段期間，對單位裏新的人際關係和工作壓力要有充分的心理準備；當發現自己在學校裏形成的一些信念與現實生活不符時，要有自我調整的能力。要增強自己應對失敗、孤獨的決心，相信自己的未來。一些學生在學校裏覺得自己是天之驕子，自我評價很高，到工作中遇到挫折可能又會認為自己是最沒用的人，對自己全盤否定，這都是不健康的情緒。應該認識到，保持積極、平和的心態，是做好一切事情的基礎。堅持和努力奮鬥，是一個畢業生走出校門後應當著力培養的基本素質。

初涉職場：樂觀對待第一天

上班第一天，對每一位職場新鮮人來說，都是重要的時刻，為了那一天，忐忑不安地準備了又準備。而對已經經歷過那一天的人來說都是一份深刻的記憶。

上班第一天會遭遇怎樣的情形？又該以怎樣的心態來面對呢？看看他們怎麼說：

「第一天上班，我早上六點就起床了，挑選了衣櫃裏最貴最正式的一套服裝，精神抖擻地出了門。但是出乎意料，人力資源部經理把我領到我所在的外聯部後，就沒再搭理過我，部門裏也沒有一個人抬頭看我一眼，沒有人注意我精心的打扮和種種細節。」

「最後，還是部門經理注意到了我，對我說：飲水機的水要換了，還有，你能不能幫大家繳一下手機費，他們太忙了，你去吧，回來的時候可以給大家買好午飯，就要樓下必勝客的比薩吧。從辦公室出來，我很失落，覺得自己像個可有可無的人。」

「上班第一天，我總覺得對工作要積極主動，所以經常向同事問問題，檔案在哪裏？我們部門有多少人？但是我發現，有些同事對我的態度特別冷淡，主管也總是說：你自己琢磨琢磨……，於是我乾脆少說話，多辦事，主管讓我做什麼，我就做什麼。」

以上的敘述是不是讓你對這一天更充滿了恐懼？沒關係，前人的經歷都是後人的寶貴經驗。調整好自己的心態，不要認為自己有多麼了不起，試圖贏得所有人的注意和讚賞，就不會感到失落。要做出最壞的打算，以最樂觀的心態。

要想樂觀地看到你職業生涯的第一天，首先你要有自信，這是非常必要的。然後你要充分做準備，做足功課才會胸有成竹，樂觀對待。

第一天上班，你就要注意轉變形象，已經不是個學生，而是職場中人了，因此需要鍛鍊自己的職業氣質。如果被認為還小，就意味著你可以不承擔責任，也就意味著你失去獨當一面的機會，沒有那麼多機會給你，在專業上的長進自然也就少了很多。

上班第一天穿什麼很重要。你的個人形象在多數情況下代表了部門形象，所以反映職業本身的信任度是工作著裝的首要任務。服裝應以中性為主，體現自己的親和力，體現溝通和服務的渴望，款式要簡潔，顏色最好以單色為主，太過花俏的服裝會影響到其他人的情緒、判斷力和辦公效率。這樣的服裝對於調節自我狀態也十分有好處，給自己以冷靜，有分寸感的心理暗示。服飾一定要簡單得體，請注意你的手指甲，指甲要乾淨整齊，手不要乾燥脫皮等等。男士在上班的第一天選擇一件淡青色的短襯衣加上深藍色長褲，這肯定是最保險的搭配。女孩子以淡色套裙為主，不要為了展示自己的年輕以牛仔裝示人，加上恰到好處的化妝：淡妝。

如果不確定自己該如何著裝，提前一天到你的工作單位逛一圈，觀察一下周圍同事的著裝，你的穿著能與他們差不多就可以了，當然，如果你要標新立異展示自己，你的老闆也絕不會管你。

剛去上班要表現沉穩些，千萬不要急於表現，多聽少說，有本事以後表現的機會多著呢，不要一開始就表現太聰明或急功近利，讓主管和同事都把你當成敵人或競爭對手就麻煩了。要經常面帶微笑，對人要謙虛謹慎，不要唯唯諾諾，要不卑不亢。剛上班，不瞭解公司內部人員的微妙關係，千萬不要急於表現，多請教、多聽、多看，細心觀察，辦事要勤快，又不要讓人感覺是在故意求表現。另外，不要看不起公司裏的任何一個人，那怕是雜工、保安等。能做到這些，你的人際關係就基本沒問題，也就不用害怕遭遇冷眼了。

對自己的能力充滿信心，在著裝打扮上多花些心思，謙遜有禮地對待公司每一個人，不要急於表現自己，相信這些準備工作足夠讓你樂觀地看待自己上班的第一天。

沒人教你，自己留心學習

剛去上班，你在好多地方都是無知的，哪怕自己以為自己知道的不少。在學校，老師的工作就是傳道授業解惑，所以學生可以「揪著」老師不放，但是在公司不像在學校，沒有人會主動教你，更沒有人會逼著你學習，很多問題都需要在工作中邊做邊學。職場中，人們總講究一個悟性，就是說很多事需要自己觀察，自己體會，因為別人都有自己的工作，不可能總是充當你的老師。

初涉職場的你，知道自己需要像下面這樣做嗎？

主動向大家問好（早上見面及下午離開時）；不要在茶水間過多逗留（這裏往往成為公司是非的發源滋長地）；一定按時（提前五分鐘）精神飽滿的到達公司。一定要注意對前輩們的尊敬，待人有禮但是注意保持適當距離。新人自然會受到前輩們的排擠或欺侮，正當範圍內的要忍耐，超出原則（比如傷害自尊、性騷擾等）就要奮起反擊，這樣往往不僅不會被責罵反而會獲得尊敬。

這些事，你的同事不會告訴你也沒有人會教你，你必須自己處處留心，一點一滴學習。

雪娜，年輕漂亮的職場新人，工作七個月後在公司的年終尾牙上遭遇平生第一次「社交滑鐵盧」。知道大老闆及幾位董事都將來參加尾牙，雪娜請教資深同事該怎麼著裝，卻沒有人肯對她講。於是雪娜決定打扮得清新些，結果到那裏一看，最無光彩的就是她和另三位新人。結果，她和另外三個人只有躲在角落裏拚命灌飲料，然後去洗手間透透氣，來逃避「金色大廳」裏無所不在的壓力。

針對這件事來說，參與這種大型尾牙，對於一個職場新人來說，的確會不知所措。對雪娜的建議是，四〇%的盛裝度剛剛好。過度的盛裝會令新人感到壓不住陣腳，而過於隨意休閒的打扮又會讓人覺得不合時宜。當經驗不足難以鎮定自若時，最好還是保持四〇%的盛裝度，剪裁合身的小黑裙、大方的珍珠項鏈等都是很好的選擇。

但是，針對此類事件，職場新人們需要注意，不要把希望全部寄託到同事身上。並不是誰都願意幫助你的，你也不能凡事依賴別人的幫助提點。很多有所成就的人，並不是因為他的腦子格外靈，而是平時多用心在學習和思考的結果。

我們發現許多人總能在競爭中獲勝，而許多人運氣常常不佳。這是為什麼呢？職場，其實是一個單調枯燥之地，大量的工作是重覆地去做。就比如說：例行的會議吧，在每年的計畫中主管都會涉及到求新求變的問題。主管也如家庭的家長，對下屬和員工話說多了，員工便麻木了，許多主管的話便成了耳邊風。但是，當公司決定組建一個新部門時，誰要作為這個部門的籌備者，便產生了競爭。我們注意到，那些在競爭中勝出的人，往往是平時用心聽過主管的計畫，而且做過準備的人。

同樣，在職場中你是否遇見過這樣的人：沒有特別的背景，沒有過人的能力，但卻一路飛黃騰達，每每到了關鍵時刻總有貴人相助？其實，這都是人脈關係在起作用，只要能在日常生活中處處留心，每個職場中人都能建立好自己的人脈。

作為職場新鮮人的你，在最初擇業時，往往會經歷一番辛苦繁瑣、單調乏味的工作：比如為日理萬機的老闆整理資料、安排就餐等等。對別人來說這可能根本就談不上是什麼職業，但你必須把現在的工作當成你漫漫求索之旅的重要起點，盡心盡力去做，從中發現機會，「機會是為那些準備者預備的」，用心學習，你一定會得到認可。

職場中，處處留心皆學問。平時多留心，而留心就是眼勤、耳勤和嘴勤，也就是多看、多聽、多問，最後多想。你能做到嗎？

懷才不遇也要有心理因素

在學生年代，小戴可謂是一帆風順，得到了同學和他們家長的羨慕。但這些本該有的優勢，卻沒有在擇業時派上用場。小戴進入的第一家公司是一家初創不久的ＩＴ企業，作為一名在研發上獨具天賦的名校學子，在這樣的企業勢必不能得到更好的職業薰陶和技能栽培。當小戴發覺公司的很多做法都不科學，員工水準普遍低下的時候，他便對這家公司再無好感，因為他學不到自己希望學到的東西。

在有了這樣一個不成功的一年工作經驗後，小戴跳槽了去另一家ＩＴ企業，但是經過三個月的親身經歷，他發現這家公司在實質上跟上一家一模一樣，而且似乎比那家更糟。屢受打擊的小戴到這時才發現自己真的掉入了一個深淵之中。看著以往的同學在大企業中做的有模有樣，拿著自己幾倍的薪水不說，還有一個光明的前途，他真覺得當初一失足要成千古恨了，對前途彷徨，總是有對命運不公的感慨，信心缺失已成為他求職路上的一個障礙。

像小戴一樣，職業生涯中，很多人都有暫時性的抑鬱或不得志，在缺乏職業規劃的時候尤其如此。許多人在經歷一些不如意後，往往會陷入心理上的陰影，求上不足，比下有餘，從而迷失前進的動力，在平庸的公司碌碌無為，不僅浪費了自己的才華，也耽擱了職業生命，他們就是所謂的「懷才不遇者」。

古往今來，不乏有才華橫溢、努力敬業卻得不到主管賞識的懷才不遇者，在現代公司中，也常有這樣的人，明明為公司做出了卓越的貢獻，卻總是與晉升的機會失之交臂，扮演著被主管遺忘的角色。

懷才不遇者除了悲天憫人以外，也需要反思，為什麼自己會陷入這樣的命運？如何調整自己的心態，走出這種悲哀的命運呢？

不能否認，得不到重用可能有客觀因素。例如可能遇到體制的限制，或時機不佳，還有的人遇到權力慾和控制慾都很強的上司，把你的工作成績據為己有，讓你無可奈何等等，面對這些客觀因素，你可以採取順其自然的態度，接納生活中存在的這種無奈，從而平衡心態；也可以採取積極的辦法，透過跳槽等方式尋找更適合自己的工作環境。

另一方面，外因往往是通過內因起作用的，在懷才不遇現象的背後，可能隱藏著更深層的心理原因。懷才不遇者需要反思自己是否自視過高了，是什麼心理會使自我要求過高，和自己的經歷是否有內在的聯繫？改變懷才不遇的最佳途徑是，學會透過某種方式讓上司注意到你的業績、賞識你的努力，不要做默默無聞的無名英雄，而應在合適的時機、場合向上司展示你的能力與成績，有助於得到上司的賞識。另外，不要以自我為中心，而是要嘗試設身處地站在領導的角度看問題，多根據領導的需要而不是自己個人的好惡來調整工作，也有助於得到領導的讚賞。

雖然很多懷才不遇者明白這個道理，心裡也知道怎麼做，可是在現實生活中卻難以做到，好像他們的行為就是為了讓自己繼續扮演懷才不遇者，為什麼會這樣呢？這就是前面提到的「強迫性重複」的心理在作怪。對於這樣的懷才不遇者，需要去看看心理醫生，在醫生的幫助下可以修復過去的創傷，從而打破「強迫性重複」。

懷才不遇並不可怕，可怕的是喪失了上進心。職場顧問告訴我們，確定好自己的定位與制定長遠的職業規劃是第一步。充分利用好自己的學歷資源，甚至追加對學歷資本的投資，都是為了實現職業方向必須做好的功課。

永遠要充滿信心地面對各種挑戰，信心來自於對自我正確的認識和充分的準備。這些每個人都可以去做，並且是能夠做到的。要相信，是金子總會發光的。

上班族當心「假期綜合症」

在外商工作的一名員工，大年初三晚上床睡覺時想到幾天後要開始上班，心就揪了起來。這種恐懼感折磨得他連續幾天半夜驚醒過來，醒來後想到又要面對那些煩人的雜事和辦公室複雜的人際關係，於是睡不著覺。特別是想到又得天天和上司面對面，心中更是害怕。

某人長假後第一天上班，早上出門時，明知道要遲到，就是賴著不想走，一會兒看看水龍頭、瓦斯有沒有關，一會兒檢查所有電源插頭有沒有都拔掉。出門後還為了確定家裏的門有沒有上鎖，又往返了兩三次。上了公車，心開始發慌，覺得胸悶、頭暈。心裏明白，自己什麼毛病都沒有，只是覺得自己好像是在冒著生命危險去上班。想想以前在另一家公司上班，春節後回公司互相拜年、派開門紅，開開心心的；如今在外商工作，隨時都得進入狀態，把握市場動向，頭腦高度緊張，總覺得休息不夠……

這就是「假期綜合症」。法定長假裏，不少人喜歡「窩」在家裏睡懶覺，想以此來彌補平日工作緊張造成的睡眠不足。照理說，覺睡足了，精力也該補足了，可是長假一過，很多人還是會感到精神疲憊，根本無法靜下心來工作。對於假日結束馬上進入正常的工作狀態，許多人在心理上會本能地產生恐懼和焦慮情緒，就這樣，出現了上述案例中的情形。

假期本來是為了讓我們好好休息，以便以最好的精神狀態重新投入工作的，怎麼會出現這樣的現象？究其緣由，一方面，是社會競爭的激烈，一些人在長假後要回到競爭環境，心理壓力加大，恐懼、煩躁、失眠；另一方面，一些人平時工作緊張，生活節奏較快，節日期間一旦徹底放鬆，生活節律被打破，就會造成心理和生理的不適。

醫學上一般把長假綜合症與「星期一綜合症」歸為一類，因為週一上班，很多人也會出現如此症狀，只有到了星期二，才逐漸適應了正常上班的節奏。從星期一到星期五，人們往往分秒必爭，聚精會神於工作和學習，形成了與學習和工作相適應的「動力定型」，把與工作和學習無關的事置於度外。輪到週休二日，這些被置於度外的事被提上議事日程，這樣週休二日就成為格外忙碌的日子，把原來建立起來的工作與學習的「動力定型」破壞了。待到週休二日過後的星期一，必須全身心重新投入於工作和學習，即必須重新建立或恢復已被破壞了的「動力定型」，這就難免出現或多或少的不適應現象，即所謂的「星期一綜合征」。

你有「星期一綜合症」或是「假期綜合症」嗎？有兩種類型的人最容易出現這種症狀：一種是人平時工作壓力很大，沒有玩的機會，接連長假的休息，放鬆的時間過長就收不起來。就像一根彈簧，拉得太久後恢復不了原狀；另一種是在長假中把節目安排得滿滿，結果耗費了大量的體力和精力，搞得身心疲憊，彈簧繃得太緊了，也打亂了生物時鐘。兩種類型都不能達到休息的目的，還造成了情緒障礙，表現出來就是疲勞、煩躁等功能性紊亂，對自己對工作的影響不小。

上班恐懼症的易患人群，是工作壓力大的人，曾遇挫折又自信心不強者，本身有焦慮症或抑鬱症的人等。那麼，我們該從哪些方面注意呢？

首先，長假開始時就應注意調節，事前做好休閒計畫。怎麼過好長假要因人而異，但原則是不能破壞正常的生活規律，不可過度休息，也不可過度勞累。比如，睡懶覺可以，但不能天天蒙頭大睡，比平時多睡一個多小時就應起來健健身、逛逛街。玩時不要過度，適可而止，通宵達旦打麻將，不分晝夜上網，都是不可取的。平時從事體力勞動多的人，長假裏看看書，聽聽音樂，是很好的休息。平常工作精神壓力大的，假日裏則應多運動運動，還可以多和家人聊聊天，享受天倫之樂。

無論做什麼事，都重在保持一顆平常心，對待假期也一樣。休息是工作中的調節劑，要適時地轉換角色，在長假的最後一天，從休閒狀態中走出來，靜心梳理上班後該做的事。假日最後一晚保持充足的睡眠，只要調控適當，就可以有效地避免產生上班恐懼症。

越過「職場休克期」

小夏是個思維活躍、胸懷大志的人，畢業後很快在報社找到了一份工作，但不到半年他就因為另一家報社給他部門副主任的位置而跳了槽，一年後又因種種誘惑跳槽到了一家公關公司。

儘管跳槽頻繁，但小夏覺得自己還是沒找對位置，不久，小夏總算找到了一份自己喜歡的銷售工作，因腦子靈、點子多，加上工作積極肯幹，認真負責很受老闆器重，幾年後被升為區域總監。隨後的幾年時間裏，隨著對這種工作的熟悉，他漸漸由以前的生疏、忙亂變得駕輕就熟、遊刃有餘了。

有了成就感後，儘管小夏其間也換過幾家公司，但做的都是他已能得心應手的銷售。慢慢地，他覺得自己到哪裏都是外甥打燈籠－照舊（照舅），那種一成不變的工作思路和方法由以往的引人入勝變得逐漸乏味而無聊起來，這種負面的思想從而導致發他所從事的工作很難有大的突破，隨著時間的流逝，職業上的停滯不前讓他也一直開心不起來。小夏覺得自己以前理想中的那些閃亮的東西在一點點地被丟掉，這究竟是自己成熟了還是扔掉了自己的理想？是自己太熟悉銷售流程了還是在職場打拚膩了？

小夏也想回到剛出校門的那種意氣風華的時候，瞧瞧現在每天工作都很瑣碎，真的有點厭煩了。小夏為此苦惱萬分：「我總覺得要找一份最適合自己的工作很難，但想到當初在報社太累，公關公司太看人眼色，現在的工作又激不起我的太大慾望……我真不知道自己今後還會對哪種工作有興趣。不僅心理累，精神倦怠，對前途感到渺茫，還時常頭痛、頭腦昏沉。好想休息一陣子，可是又怕由此而疏遠了自己熟知的職業……」

職場中人，幾乎都會遇到這種情況：歷來做事積極負責的你開始感到厭倦鬆懈；一直目標明確、躊躇滿志的你開始感到前景模糊，焦慮煩悶；曾經頗具創意的你有了才思枯竭的危機；一直自信自己的能力，但幾度挫折之後卻失落得不行，使自己陷入職場尷尬……以致令你苦惱萬分，卻又找不出毛病到底出在哪兒。其實，所有這一切，都是因為你遭遇了「職場休克」。

這並不可怕，很多人都會遭遇到，只不過有的人調整得好，能縮短「休克」的時間；有的人沒有察覺，或沒有採取有效的「搶救」措施，長期缺血、乏氧，使自己陷入職場尷尬。遭遇「職場休克」時，該怎麼辦？如何避免？

首先，要邊休息邊調整「休克」中的心態。

多年的奮鬥讓自己的工作內容和工作環境太過熟悉，從而覺得缺乏新意，沒有挑戰性，也缺少以往那種成就感，更不會出現磨合期的快感。所以，適時的休息，調整心態，讓原先熟悉的工作停留一段時間。

其次，要善於發現契機，尋找現有職業的新鮮感。

職場生涯是一個競爭激烈的環境，經常保持一種高度的緊迫感是產生新動力的源泉。有意識地接觸新鮮事物，打破思維慣性，在自己工作厭煩時，利用一定的時間去反省自己以往的功過是非，就會發現其實在許多方面你可以做得更好。同時將這種反省中的所得注入到給自己原有的工作中，增加一些保鮮的內容，以引起自己的興趣。

然後，做好新工作的鏈結或舊工作的補氧措施。

可以趁休閒時間進行新知的充電，如讀一個學位，上個培訓班，或以其他方式進修，給自己的腦袋安排「大餐」。甚至可以考慮換一個工作環境，透過給自己一個挑戰的機緣，尋找新的激勵點，將情緒引入正軌。從而讓自己具備有應對新領域挑戰的能力，內心的倦怠感就會自然消失。

最後，重新確立新的更高的奮鬥目標。

適時擺正和明確遠期利益和近期利益的衝突，注重協調自我矛盾的壓榨，將消極的情緒掩藏，經常給自己新鮮、時尚、敏銳思維做後盾。這種外在的變化會對個人的心理和情緒起到積極的影響，有了成就感和內心的順暢感，你的職場就不會因為各種原因而陷入困頓。

身在職場的你，無論有沒有陷入「休克」狀態，都要善於經營自己的職業生涯，不斷給工作「找新」、「保鮮」，讓你的事業之樹越來越茁壯成長，繁茂常青。

不要成為「大嘴巴」

小趙是高材生，畢業之後找到了一個不錯的工作，薪水高而且是部門主管，於是他成了分公司一位全新的青年才俊。總部對小趙十分滿意，半年下來，小趙交到總部去的工作計畫和總結報告條理清楚、思路新穎，讓總部覺得物有所值。

可是，小趙部門裏的同事和小趙的頂頭上司對小趙卻頗有微辭，說他太過自滿。據說有一次是小趙看見小張在處理一份報名表格，是一個普通大學辦的ＭＢＡ班的入學申請表，小趙忍不住跟小張搭訕起來：「怎麼，奮發圖強呀？這種文憑要它幹嗎？不值錢的。」但小趙不知道，小張是幫他的頂頭上司張總辦的入學資料。

小趙還跟麗莎笑話過櫃檯女同事拍的寫真集，說她應該整整容再去拍；小趙見到老陳穿的新西裝，一口報出它在某某商場打折之後的價錢。

結果，當小趙自己弄丟了客戶資料時，被老闆狠狠批評了一頓。走出老闆辦公室時，他四處尋找卻沒有看見一個同情的眼神。上廁所的時候，他聽見老陳和小張在議論：「整天說人家，我還以為他是不會犯錯誤的超人呢。」「超人打瞌睡，我們可沒辦法為他補台，我們哪有超人的本事！」

你瞧，事情就是這樣。小趙說話大概是無心的，可是別人卻不一定愛聽，也許小趙沒有惡意，但他卻忽略了別人的自尊。職場上有些人能力很強但說話不得體，但工作是需要團隊協作互相尊重的，否則會事倍功半，心力交瘁。你有沒有想過自己身上有沒有小趙的影子呢？

嘴邊沒有個把門的，有很多害處，許多人都吃過這方面的虧。所以做人一定要有「心機」，與人交往要把好口風，什麼話能說，什麼話不能說，什麼話可信，什麼話不可信，都要在腦筋裏多繞幾個圈，心裏有個八九。害人之心不可有，防人之心不可無。一旦中了人的圈套為其利用，你的安穩日子也就完了。

職場上，我們每天和同事、上司之間難免有話要說。但說什麼、怎麼說，什麼話能說，什麼話不能說，都應講究。在職場上說話是一們非常深奧的藝術，很多時候有些人吃虧就是因為沒能管住自己的嘴巴。

不要做大嘴巴，除了管住自己不亂說別人是非之外，更要注意不要透露太多自己的秘密。每個人都有自己的秘密，同事之間，朋友之間，哪怕感情不錯，也不要隨便把你的事情、你的秘密告訴對方，這是一個不容忽視的問題。你的秘密可能是私事，也可能與公司的事有關。如果你無意之中說給了同事聽，很快這些秘密就不再是秘密了。它會成為公司上下人人皆知的事情，你就會淪入整日被人指指點點的生活當中，哪裏還有安穩的日子可言；更為嚴重的是，你的秘密一旦告訴的是一個別有用心的人，他雖然可能不在公司進行傳播，但在關鍵時刻，他會拿出你的秘密作為武器回擊你，使你在競爭中失敗。因為一般說來，個人的秘密大多是一些不甚體面、不甚光彩甚至是有很大汙點的事情。這個把柄若讓人抓住，不但你的競爭力會大大的削弱，而且連你的前途也可能會一起破滅了。

「大嘴巴」在任何公司都是不可能受到重用的，因為沒人相信一個「大嘴巴」會嚴守企業秘密。同樣，你也不會贏得同事們的尊重和喜歡，因為每個人都不喜歡多生是非。

以感恩之心面對一切

史蒂文斯曾經是一名在軟體公司湯了八年的程式師，正當他工作得心應手時，公司卻倒閉了，他不得不為生計重新找工作。這時，微軟公司招聘程式師，待遇相當不錯，史蒂文斯信心十足地去應徵。憑著過去的專業知識，他輕鬆過了筆試關，對兩天後的面試，史蒂文斯也充滿信心。然而，面試時考官的問題卻是關於軟體未來發展的方向，這點他從來沒有考慮過，所以遭到淘汰。

史蒂文斯覺得微軟公司對軟體產業的理解，令他耳目一新，深受啟發，於是他給公司寫了一封感謝信。「貴公司花費人力、物力，為我提供筆試、面試機會，雖然沒有錄取，但透過此次的應徵使我大長見識，獲益匪淺。感謝你們為此付出的辛勞，謝謝！」這封信後來被送到總裁比爾・蓋茨手中。三個月後，微軟公司出現職位空缺，史蒂文斯收到了錄用通知書。十幾年後，憑著出色業績，史蒂文斯成了微軟公司的副總裁。

這就是感恩的結果。面試失敗之後仍不放棄的他，得到了起死回生的機會。懷著一顆感恩之心的人，沒有理由得不到別人的青睞。

我們在工作中經常會遇到這樣的場景：明明出於幫助同事的美好初衷，到最後卻被同事給「賴」上了；明明自己有理，卻遇到對方理直氣壯的駁斥，不禁惱火萬分。有的好朋友之間，反而很容易鬧翻，所謂「有多好，有多惱」，這是為什麼呢？其實，這些煩惱都是因為我們太愛用「應該」來思考事情，不肯以一顆感恩之心來思考問題。

許多人站在自己的立場上，義正辭嚴地指出對方的不是，總是顯得自己很有理。其問題的根源在於「應該」式思維。孩子認為父母應該毫無保留地支援他們讀書、出國，父母覺得孩子應該事事彙報，上學不能談戀愛；研究生覺得研究生部主任應該痛痛快快地答應給自己的論文把把關，指導一下，而研究生部主任覺得研究生的論文應該靠自己完成；主管覺得下屬應該興高采烈地完成沒人想幹的艱巨任務，而下屬覺得主管應該照顧他的情緒……

這些看上去似乎沒什麼不對的，問題的關鍵是使用了「應該」。由於思維方式中用了「應該」，所以只要沒有完成「應該」的事情，一律會被我們標上：不對、不應該、不正確、不道德的標籤。這種心理機制，事實上是一種保護機制─既然對方「人品太差」，又何必跟他一般見識呢？這種心理機制能讓當事人在短時間內心平氣和，但背離了事實真相。需要改變的不是客觀現實，而是你的思維。放棄「應該」的想法，只有這樣，你才會滋生感恩的心理。

喜歡用「應該」思維思考問題的人，講著邏輯嚴密的話，擁有令一般人敬重的道德操守。他們希望受到別人的尊重，並用一切手段來維護這種尊嚴感，但生活往往跟他們開個不大不小的玩笑：他們所力圖維護的尊嚴，往往會被一些人不顧一切地給撕破。其根本原因是他們的邏輯只建立在自己的立場上，太少考慮對方。所以，站在雙方的立場上考慮問題，才是融洽相處的基石。

無論是什麼樣的公司，正是它給你一個工作機會，它做好了你沒有經驗、可能犯錯誤的準備，所以對待公司要有感恩之心，這樣才能端正工作態度，積極付出，主動工作。當你心存感激之心工作時，就更容易取得成績，因此，可能又有新的工作機會提供給你。那些經常抱怨公司、指責老闆、埋怨同事的人，往往是一事無成，最後一走了之。所以，在企業賦予你個人價值和財富的同時，應存感恩之心。

不管是對上級、同級還是下級，在工作中都應該有一種感恩的心態。尤其是職位越高，工作就越需要其他同事的配合。對同事在工作上的支援懷有感恩的心態，同事才可能用同樣的態度回應你。

一個員工如果連最起碼的感恩都不知道，又怎麼能夠珍惜工作、熱愛生活呢？如果員工與老闆也這樣彼此心存感恩，那麼公司的明天必將充滿濃濃的人情味，這種美好的情意必將遍地生根、發芽、開花、結果，公司這種習慣蔚然成風後，一定會成為繁茂的綠蔭，讓在「火熱」職場中競爭奔波的人，盡享公司創造的清爽怡人的環境。

只要我們用心，就會發現許多我們應該感恩的人、感恩的事。感恩工作給予我們自我價值的實現，感恩上司的信任、同事的幫助……誠然，工作也會帶給我們苦惱、誤解等不如意。但如果你試著以一顆感恩的心去看待，你會發現，原來批評可以變成關心，誤解可以成為鼓勵。當感恩的心境成為一種習慣，你的工作就會充滿快樂。

第四章 調節工作情緒，融入快樂的職場

知道什麼是職場的最高境界嗎？快樂工作。一個對於工作感到不滿的人，不管他如何努力，絕不會有優越的表現。但是現實中我們很多人沒有條件選擇自己喜歡的工作，我們除了面臨工作業務上的挑戰外，也必將主動或被動地去接受許多職場潛規則，總是覺得很累。既然有些事情是無法逃避的，那就接受它吧。無法改變環境，但可以改變自己的心情。為了愉快地工作，就必須要調整自己的情緒，讓枯燥的工作變得更快樂、更輕鬆。

心理焦慮──自己嚇唬自己

職場中，管理者的焦慮來自於對發展和前途的過分思慮，中層管理者誇大了自己在公司中的競爭壓力，年輕職員更多的是對自己的生存焦慮。總之，人人都在談焦慮，大多數人會表現出焦慮的症狀。

焦慮其實往往是自信心不足的表現。因為自信心不足，所以會擔心出現自己控制不了的局面。其實很多時候人們焦慮的東西永遠都不會來，焦慮不等於就一定會有不好的事情發生。陷入焦慮的人往往性格比較軟弱，自信心不足，焦慮是他在面對巨大壓力時的一種反應。

焦慮情緒本身是對人起到保護作用的，當你感覺到危險臨近的時候，你會因為焦慮而做出反應，是逃跑還是應戰。如果一個人完全不懂焦慮，他就會讓自己置於危險之中，那也是一種嚴重的心理疾病。但問題是，大多數時候，我們對事情的焦慮完全超出了理性的範圍。

職場人士焦慮情緒比較嚴重當然與環境壓力是有直接關係的，每個人都面臨著發展和生存的壓力，經濟發展的不平衡也造成了很多人的經濟壓力，現實的壓力是如此的明顯，使正在經受這種壓力的人和沒有經受的人都在擔心：現在我的收入很好，身體也很好，但萬一我失業了？萬一我病了？於是不安全感產生了，對前途的不確定感時時侵襲著內心，好像只有拚命才能換得安全。但問題就在，同樣的環境下，你很焦慮，但別人會不那麼焦慮，他們會分析自己的處境，適時地做出調整，讓自己生活的輕鬆。這既體現了一個人的心理健康水準的不同，也和遺傳特質有關。適度的焦慮會給人改變生活狀態的勇氣和動力，過度的焦慮就會讓人失去生活的樂趣，使身心都遭到損害。

心理專家認為，焦慮和克服焦慮同樣是人的原始本能，每當人們感覺到劇烈焦慮的時候，總要做些什麼來抵消焦慮。這個抵消就是表現出來的症狀。適當的焦慮可以催人奮進，過於苛求只會令身心健康受到影響，要以積極向上的一面來迎接新的工作挑戰，消極逃避只會適得其反，找到原因，下定決心改正才是真理。

但是不管怎樣，焦慮這種情緒本身都不怎麼讓人舒服，焦慮引起苦惱和自我否定，使得自己變得很自卑很無奈。如果你遭遇「職場焦慮期」，該怎麼做呢？

關注自身的資源。在面臨焦慮時，不要被暫時的外在環境所困擾，可以允許自己有一段時間做內省，進行自我分析。分析包括自己具備的資源優勢，興趣和喜好，性格特點等方面。

客觀分析環境。透過網路或和身邊的朋友諮詢，分析就業環境和企業方對職位和用人的要求，如技能上的要求，或性格方面的要求。結合自身資源優勢，給自己確定一個切實可行的目標，並制定具體的行動計畫。

評估差距，彌補不足。結合自己的目標，評估自己的差距。如果自己在技能或知識方面有所欠缺，可以採取一些短期的培訓，如語言、電腦等方面的培訓，讓自己能夠在短期具備一些基礎的技能，彌補不足。

建立自信心，積極應對挑戰。透過對自身的分析，環境的分析，以及彌補不足後，要以積極的心態來應對挑戰。在機會面前，最關鍵的在於你的真誠和積極的心態，也在於你的自信。一個沒有自信的人往往看不見自己身上的優點，看到的總是自己的不足和缺點。學會關注自己身上的優點，並能把握機會表現出來。

職場焦慮期是很多人都會經歷的，它是一種比較普遍的職業問題。在面臨這問題時，不要把焦慮的情緒擴大，把焦慮期無限放大，告訴自己這只是暫時的，讓自己保持以一種平穩、向上的態度來應對。

雖然焦慮只是一種自己嚇唬自己的負面情緒，但是我們在工作中一定會面臨很多壓力，但千萬不要讓自己在焦慮狀態下沉浸很久，因為焦慮會取代你的能力。

心理抑鬱──生活索然無味

心理疾病和精神疾患幾乎正困擾著各個階層、各個年齡層的人。據世界精神病協會發表的報告顯示，抑鬱、自殺、精神分裂症、強迫症等精神疾患所造成的負擔，在目前疾病總負擔中排名第一，已超過心血管疾病、糖尿病和惡性腫瘤等。據統計抑鬱症患者其中有一五％的人有自殺的危險。專家預測，到二〇二五年抑鬱症將成為僅次於癌症的人類第二殺手。

或許你覺得自己心理很健康，「抑鬱症」與自己沒有關係。也許確實如此，但事實並沒有你想像的那麼樂觀，因為你可能罹患了輕度抑鬱症。現在職場中，患有輕度抑鬱症的人很多，而且由於輕度抑鬱症患者的症狀表現比較輕微，往往不容易被重視。

這部分病人多由社會心理因素引起，但在臨床上卻有一定的表現。如果你有以下的症狀，那麼很可能就與輕度抑鬱症有關：

不明原因的身體不適：如頭痛、背痛、四肢痛、腰痛、腹脹、腹瀉、厭食、噁心、胃部不適、心慌、心悸，以及涉及全身各個系統和器官的不適，經醫院檢查卻找不到病因；

總覺得活著累。易怒、易激動、敏感多疑、總是感到不順心、情緒低落、悶悶不樂，感覺活得太累。這種情緒反應正常人也會出現，但抑鬱症患者會長期存在；

診斷神經衰弱。如頑固性失眠、早醒、健忘、乏力、頭痛等症狀是輕型抑鬱症常見的早期表現之一，這部分病人往往會被醫院診斷為「神經衰弱」；感到生活沒有意思。疲乏無力、反應遲鈍、注意力不集中、記憶力減退、思維困難、生活情趣索然，整日唉聲嘆氣，感到委屈，動輒流眼淚，有輕度的「無價值感」，自認為對社會、家庭、親友沒做出貢獻，產生「自己沒有用」的自責。

請你對照上述情況，自己做一下判斷，嚴重的話，就需要借助心理治療了。

我們都想讓自己擁有一個健康的心理，在職場上有一個好的工作姿態。所以為了擺脫抑鬱，我們首先要有正確的認知評價，明確自己要什麼，不要盲目攀比；然後要學會調節自己的情緒。其實很多人的抑鬱是自己憋出來的，學會傾訴和調節心情；還要善於解壓。枯燥的工作給人一種壓抑感，要合理安排工作時間，每天每週要完成多少件事，做到心中有數。不要讓工作佔據自己所有的時間，要學會享受生活，培養適合自己的興趣愛好。

如果覺得枯燥的生活環境讓人生活無味，可以適當出去旅遊，邀請朋友聚會，或者幫助別人，在幫助別人的同時，自己也會得到一種成就感、滿足感和心理愉悅感。總之你要丟掉悲觀厭世的心理，重新找回自己的好心情和高效率。

心理恐懼──四處蔓延的不安全感

當你突然意識到自己的不安全感時，有沒有發現我們已經進入一個職場恐懼症氾濫的時代？大家諸事小心，做事舉棋不定，說話吞吞吐吐，就連和同事交流職場技巧也總是暗留一手。但越是謹慎，需要遵守的準則越多，甚至還有自相矛盾的潛規則在作怪，長此以往不僅沒有得到很好的發展，反而弄得自己無所適從。

我們都知道的是上班恐懼症，就是不想上班，害怕工作，只要一接觸人多的工作環境甚至跟自己想像中有差別的職位，就焦慮煩躁，無論什麼工作都提不起興致。

但是除了上班恐懼症之外，職場恐懼症還有一些其他類型，也許你未曾意識到，也許你正身處其中，它們對於職業生涯都有著極大的危害。

下面我們具體來看：

失敗恐懼症，其表現為：事情還沒有開始做，就直接聯想到如果失敗了怎麼辦，雖然想法有很多，可是付諸實踐的卻很少。

小馬畢業前曾經制定了無數個創業計畫，可是一畢業，他並沒有走上創業的道路，而是去了一家小企業從底層做起。三年後，同學聚會，小馬發現很多過去的老同學都當上了公司的ＣＥＯ，還有很多同學實現了自己當年的創業夢想，並且收益頗豐，而自己還是一個每月只有三萬多元收入的小職員。回家後，小馬怎麼也睡不著，創業的夢想再次浮現腦海，於是把曾經的創業計畫一遍遍重新想像，又拿了紙筆在本子上寫了詳細的收支規劃，反反覆覆折騰到天亮才睡。第二天，鬧鐘響了好幾遍，小馬才勉強爬起來，急忙洗漱坐車上班，投身於新一天的平淡工作中。下班後看了看昨晚的規劃，覺得自己很可笑，這樣的創業計畫一旦開始，肯定血本無歸，更不要說有什麼自己的事業和收益了，於是，將本子扔進書堆，再也沒有打開過。

小馬也有自己的理想和追求，所以才會有動力按照自己的想法做詳細規劃到天亮，可是所有的動力和理想全都被他的恐懼心理掩埋，他會不斷地問自己能不能達到預期的目標，即便真的有勇氣開始去做，又會隨時打退堂鼓，將最後失敗的結局擴大化回饋給自己，在理想和現實中一直掙扎，但最後往往選擇了現實。

在工作中，當你接受一個任務的時候，還沒開始真正去做，你的恐懼之心就已經佔了上風，你害怕不能完成任務，接著害怕準備不好而遭到上司的責備和同事的鄙視，最後連你自己都否認自己的能力，這就是失敗恐懼症在作祟。

對適應能力和控制能力的恐懼：如果突然有什麼事情打亂了計畫，就會感覺手足無措，非常慌亂而導致恐懼。這其實是對秩序，實際上是適應能力的恐懼。

漂亮的倩倩，走到哪兒都顯得出眾惹眼，加上英文口語能力很強，所以很輕鬆地拿到一家著名外企的offer。可是剛上班沒幾天，倩倩發現職場遠沒有自己想像的簡單，快節奏、高強度的工作方式，壓得她喘不過來氣，更要命的是總經理一會兒要她發傳真，一會兒又要做報表，還要安排時間組織會議，好不容易確定了會議室和幾位主要人物的時間，總經理又說分公司突發緊急事件，要馬上訂機票出差。本來就手忙腳亂的倩倩，不瞭解公司制度，也不好意思找人去問，等到總經理問是否已經拿到機票時，她還沒有找到電話去訂，總經理當時大怒，當著部門其他同事的面對倩倩大吼，嚇得她一句話都不敢說。從那以後，每當她聽到總經理的聲音就心跳加速，本來已經有條理的事情又變得天翻地覆，還沒工作幾個月已經神經衰弱到要請病假休息，去看心理醫生了。

適應能力是人類比較重要的能力之一，倩倩是在經驗不足、不善於溝通、適應能力和對事物的控制力弱，所以在面對一個陌生的環境很容易產生情緒低落、神經衰弱等症狀。以上兩種是除了上班恐懼症之外最常見的職場恐懼症。不管程度深淺，這些恐懼心理在一定程度上或多或少地妨礙了我們邁向成功的腳步。找出自我的恐懼根源，克服恐懼心理，是我們走向成功、找回快樂的關鍵一步。

沒有信心，害怕失敗是職場中人恐懼的根本原因。我們要學會保持一顆平常心，淡然地看到成敗得失。另外千萬不要太在意別人的目光，因為把自己交給別人評判是一切痛苦的根源。只有這樣才能消弭無處不在的不安全感，讓你找回自信和快樂。

心理依賴──長不大的孩子

從心理學上來看，依賴心理源於人類發展的早期。幼年時期兒童離開父母就不能生存，在兒童印象中保護他、養育他、滿足他一切需要的父母是萬能的，他必須依賴他們，總怕失去了這個保護神。這時如果父母過分溺愛，鼓勵子女依賴父母，不讓他們有長大和自立的機會，以致久而久之，在子女的心目中就會逐漸產生對父母或權威的依賴心理，成年以後依然不能自主。缺乏自信心，總是依靠他人來做決定，終身不能負擔起選擇採納各項任務、工作的責任，形成依賴型人格。

一般而言，依附性強的人，隨波逐流，沒有主見，遇到事情都要問過大部分人的意見，時常會打電話回家或打給親近的人訴說一切的不如意，遇到一些小挫折會不高興好久，缺乏自信心，難求上進，生活自理能力差，人際交往中也不為人喜歡，時常會成為別人的負擔，容易在激烈的競爭中退縮，容易失敗……

工作中，你發現依賴的影子了嗎？許多人的「勤學勤問」貌似是一種十分積極的工作態度，能夠贏取工作同僚以及公司前輩和上級的認同，給人留下勤奮上進的好印象。但凡事有度，過度必會適得其反。非但之前的形象毀於一旦，更甚者會影響今後個人發展。

在職場中患有「依附症」的人群主要集中體現為女性職場人和職場新人。這兩類人在職場中表現相對較弱，在職場中常常能夠得到其他同事的「主動」幫助，並習慣於被幫助，於是乎在不知不覺中患上了「依附症」—只有依託他人的幫助才能完成工作。

「客戶問我什麼問題我都不敢回答，每次都在電話打到一半時徵詢主管的意見。」有人這麼說，離開主管自己簡直寸步難行。因為公司比自己想像中的複雜得多，業務與人際關係疲於應付。

對於這種情況，總的原則是首先應當多從前輩身上，學習他們處理問題的方式，儘快掌握業務技能，豐富自己的專業內涵，如此才能越發自信。其次要暗示自己，遇到難題不要逃避，犯了錯誤也不要慌張，這是每個人從稚嫩到成熟的必經之路。再次對自己要進行職業規劃，制定自己的職業發展軌跡。

依賴心理往往會給人帶來極大的不安全感，其實沒有人願意得這種精神無骨症，所以我們要想方設法獨立起來。但依賴行為並不是輕易可以消除的，一旦養成習慣，你會發現要自己決定每件事那就會很難，可能會不知不覺地回到老路上去。這就需要我們不懈地努力，堅持從日常中的每一點細節做起。

當你遇到困難，需要他人幫助時，請把「請幫我……」改為「請教我……」，一字之差，其意甚遠。對方也會因此微小改變，而對你刮目相看。遇到自己不會、不擅長的，此時借助他人的幫助是無可厚非的，不過你不能將目標放在讓他幫你完成這麼簡單，而是在他幫你完成的過程中，學到他的方法，甚至可以請他來教會你。只要你所需要的與他沒有利益衝突，那他一定會樂意相授的。要知道，不依賴他人的辦法只有兩個：無慾則剛，什麼都不想要；或者學會他的本領。

那麼具體該怎麼消除自己嚴重的毅力心理，重新樹立自己的職場形象呢？

首先要找到隱患、陰影在哪裏。如果你已身患職場依賴症，癥結卻不在你這裏，而在別人心中。你要找到這些人是誰，有的放矢才可能消除陰影。一般來說，這些人包括：你的上司、同辦公室的同事、以及經常幫助你的人。

然後，需要向別人請教的時候要繼續向他人請教。千萬不要矯枉過正，變得萬事不求人，那樣只會給你帶來「小心眼」的外號。只要不出現一件事情重覆求人的情況就行，那樣才是依賴症。

開始主動幫助他人。不是去幫他們的強項，而是解決他們的弱項。沒有人能夠凡事都強，即便都很強，他也會有時間衝突，應接不暇的時候，哪怕是很小的事情，也能有效地幫你擺脫「依附」的形象。

每個人都有屬於自己一片獨特的天空，你有屬於自己的事業、自己的世界，你應該做自己生命的主宰，任何時候都不要依賴別人而生存，因為只有擁有自立，你才能夠擁有成功。但需要指出的是，對於女性來說，依賴的心理是很難完全克服的，但有的時候也沒有必要完全克服，因為適當的依賴會讓自己顯得親切，顯得平易近人。適當運用這種依賴心理，反而有助於建立和諧完美的同事關係，對自己的事業和心情都大有幫助。

心理急躁—無法平靜的心靈

小玲是在一家保險公司從事銷售工作，工作一直很順利的。不過最近在工作和人事方面遇到了一些不愉快，因為她自己是個性格比較急躁的人，平時在和同事講話時語氣總是很急，所以有時難免讓同事不滿。另外，小玲平時比較粗心，所以很多時候就容易落下話柄。這些長久以來的積患最近爆發出來了，讓她很苦惱，也很急躁。其實小玲並沒有任何的壞心眼，她也很著急自己的脾氣。

俄國文學家屠格涅夫，曾勸告那些易於爆發激情的人，「最好在發言之前把舌頭在嘴裏轉上幾圈」，透過時間緩衝，幫助自己的頭腦冷靜下來。在快要發脾氣時，嘴裏默念「鎮靜，鎮靜，三思，三思」之類的話。這些方法都有助於控制情緒，增強大腦的理智思維。

其實人的情緒是有週期性的，每個人在一段時間裏都可能經歷一段心理的消沉和急躁期，並不是因為什麼壓力或者做錯了什麼，而是因為這是一個與生理、氣候等有關的一個規律。所以我們大家如果只是偶爾感到急躁，那麼可以認真去體會自己的情緒週期。在情緒不好的時候，先接納自己的情緒，這個時候要對自己好一點，給自己的心情放個假，找一種自己喜歡的方式來「保養」心理。

如果真的是性格急躁，那就需要注意調節了。因為在職場中，你並不是一個人，你的同事沒有義務忍受你急躁的脾氣，你的上司更不可能接受。所以性格急躁易怒的你，要學會「轉移」，當發覺自己的情感激動起來時，為了避免立即爆發，可以有意識地轉移話題或做點別的事情來分散自己的注意力，把思想感情轉移到其他活動上，使緊張的情緒鬆弛下來。比如迅速離開現場，去做別的事情，找人談談心、散散步等，這樣可將因盛怒激發出來的能量釋放出來，心情就會平靜下來。

急躁的人情緒容易興奮、激動，所以，平時有時間多聽聽節奏緩慢、旋律輕柔、音調優雅、優美輕鬆的音樂，對安定情緒，改變暴躁的脾氣也是有幫助的。

最根本的解決辦法是增強理智感，在遇事時多思考，多想想別人，多想想事情的後果，認真對待，慎重處理。一旦發覺自己出現了衝動的徵兆時，及時克制，加強自制力。

如果你是一個好脾氣的人，也並非處在自己的心理情緒週期，還是會產生急躁心理的。為什麼呢？當自己的目標或者目的沒有得到自己滿意的結果時，人們往往會感覺煩惱、急躁；自己的利益或者某些相關於自己集體傾向性的行為產生了損害或者將被損害，人們也會產生急躁感覺；面對一項束手無策的棘手工作，也會急躁……

急躁是與競爭、好鬥性格相伴隨的負面情緒，對人的身體有消極影響。面對壓力時要能夠把壓力作為一種資源，將其快速地化為行動的動力，同時，學會把壓力所激起的情緒化為行動的激情。總之，壓力及由壓力帶來的一些生理與心理變化，要能夠很好地被引向積極的方向，產生有效行為，完成任務。

如果是由於壓力過大或者遇到挫折，而產生的情緒急躁，每個人對於壓力和挫折的承受力是不一樣的，這與一個人的歷練有關，也與人的神經類型有關。所以，除了多增加自己的歷練之外，也用心來體會一下自己的對壓力的承受力，不要去給自己施加超過承受力的壓力，學會放棄，放棄一些利益。這樣，你就會不把自己放在重壓的環境下，讓自己能夠把握自己，掌控自己，會有一種進退自如的感覺，心情也更容易平衡、平靜。

有時候正是因為對成功太渴望，所以急躁。但急躁不是渴望，更與成功無緣。急躁不是理想，只是對某種或大或小功利的孩童般的貪婪情緒。

更要命的是，許多剛剛參加工作不久的職場新鮮人，對突發事件往往措手不及，結果行動常過分急躁。更甚者每次遇事皆是如此，給老闆留下不可調教的印象。

老闆不喜歡急躁是因為它很難造就職場忠誠度。人為什麼不忠誠呢？有急躁在心中搗鬼。急躁就是在獲得利益時總要多些再多些，快些再快些。為了追多求快，就得急躁地要待遇、急躁地換公司。在急躁的追逐中，忠誠必然被消解，而缺乏忠誠度的員工沒有企業歡迎。即便你有所收穫，最終也還是找不到心靈的歸宿，這樣就很難避開活得累甚至慘澹。

人生就是一場馬拉松，你不能太急躁，不要奢望一步到位就跑到終點站。你要學會堅持，千萬不能放棄。你必須有足夠耐力，善於等待，否則就不可能有成功的機會。所以，我們一定要學會沉著穩重，給人以鎮定感，遇事千萬不要慌手慌腳，讓人覺得毛躁不可靠。

心理憤怒—小心傷了自己

你在工作中，是否曾經遇到失去理智的時候？如果你在工作中失去冷靜，為怒火所控制的話，可能就會帶來惡果：喪失信用、人際關係惡化、壓力增加，而這些都是扼殺你職業前途的潛在大敵。

小櫻到一家新的公司工作才一個月，現在還在試用期，可是剛剛和同事吵了一架。因為那位同事是個對權利看得特別重的人，說話絲毫不考慮別人的感受，特愛表現，還喜歡在主管面前打小報告。公司裏的同事早就對她不順眼，小櫻也不喜歡她，只是考慮到自己初來乍到，有些事情也就不太跟她計較，可是她那天實在很過分，小櫻氣得實在忍受不了，就跟她吵了一架。

她這樣做對嗎？如果你是職場老手，就該明白，有句話叫做衝動是魔鬼，職場上應該忍字當先。同在一個單位，誰做了什麼，別人心中自有一本賬，沒必要強出頭惹麻煩。

但我們同樣需要瞭解，我們有權利憤怒，憤怒是自我肯定的表示。一個人從來不敢憤怒，就會失去表達自己想法和需要的勇氣。最後要嘛形成抑鬱情緒，要嘛憤怒累積超過極限而突然爆發。憤怒是一種普遍的情緒，有的人很容易激怒，一觸即發；有的人永遠一副受氣包的模樣，實際上是把憤怒壓在心底；有的人在這裏受了氣，卻到別處發；有的人明明是自己錯了，卻先對人發火，轉嫁責任……

對於憤怒，不同的人有不同的處理辦法。實際上，這些辦法，都不是處理憤怒的最好辦法。在國外，有很多心理方面的培訓，其中很重要的一個就是「情緒管理」，而情緒管理中尤為受歡迎的培訓是憤怒的管理，正是因為憤怒情緒是我們平常最難處理的一種情緒。

古代的皮索恩是一個品德高尚、受人尊敬的軍事領袖。一次，一個士兵偵察回來，沒能說清楚跟他一起去的另一個士兵的下落。皮索恩憤怒極了，當即決定處死這個士兵。就在這個士兵被帶到絞刑架前時，失蹤的士兵回來了。但結果出人意料：領袖由於羞愧更加暴怒，處死了三個人。

為什麼會這樣呢？因為一旦憤怒起來，容易使人失去理智，使局面難以控制。所以，雖然我們有權利憤怒，但我們沒有權力對別人發脾氣。所以我們需要學會控制自己的憤怒情緒。

職場中，通常在以下的場景中，你最可能失去控制，所以要格外注意：

被孤立。你不被周圍的人接受，因而發怒，這將會大大影響你的工作效率和情緒。

挑剔的上司。老闆總是吹毛求疵，更糟糕的是當老闆平白無故地指責你的時候，你甚至不能表達出來，只有在心裡暗暗咒罵，這會讓你和老闆的關係越來越糟。

沒有得到應得的提升。面對這種不公正的待遇，很多人都採取消極的態度，暗自生氣，或者開始怠工。

被同事惡意中傷。誹謗的力量非常強大，如果你不幸成為某謠言的主角，那麼，你將會在精神上和職業生涯上都受到極大的打擊。

如果真的不幸有了憤怒情緒，又該怎樣平息呢？

平心靜氣。美國經營心理學家歐廉・尤里斯教授提出了能使人平心靜氣的三項法則：「首先降低聲音，繼而放慢語速，最後胸部挺直。」降低聲音、放慢語速都可以緩解情緒衝動，而胸部向前挺直，就會淡化衝動緊張的氣氛，因為人情緒激動、語調激烈的人通常都是胸部前傾的，當身體前傾時，就會使自己的臉接近對方，這種講話姿態能造成緊張局面。

閉口傾聽。英國著名的政治家、歷史學家帕金森和英國知名的管理學家拉斯托姆吉，在合著的《知人善任》一書中談到：「如果發生了爭吵，切記免開尊口。先聽聽別人的，讓別人把話說完，要儘量做到虛心誠懇，通情達理。靠爭吵絕對難以贏得人心，立竿見影的辦法是彼此交心。」憤怒情緒發生的特點在於短暫，「氣頭」過後，矛盾就較為容易解決。當別人的想法你不能苟同，而一時又覺得自己很難說服對方時，閉口傾聽，會使對方意識到，聽話的人對他的觀點感興趣，這樣不僅壓住了自己的「氣頭」，同時有利於削弱和避開對方的「氣頭」。

交換角色。卡內基・梅倫大學的商學教授羅伯特・凱利，在加利福尼亞州某電腦公司遇到一位程式設計員和他的上司就某一個軟體的價值問題發生爭執，凱利建議他們互相站在對方的立場來爭辯，結果五分鐘後，雙方便認清了彼此的表現多麼可笑，最後大家都笑了起來，很快找出了解決的辦法。在人與人溝通過程中，心理因素起著重要的作用，人們都認為自己是對的，對方必須接受自己的意見才行。如果雙方在意見交流時，能夠交換角色而設身處地的想一想，就能避免雙方大動肝火。

理性昇華。電視劇《繼母》中，當年輕的繼母看到孩子有意與她為難而惡作劇時，一時氣憤難忍，摔碎了玻璃杯。但她馬上意識到進一步衝突的惡果，想到了當媽媽的責任和應有的理智，便頓然消除了怒氣，掃掉玻璃渣片並主動向孩子道歉，和解了關係。當衝突發生時，在內心估計一下後果，想一下自己的責任，將自己昇華到一個有理智、豁達氣度的人，就一定能控制住自己的心境，緩解緊張的氣氛。

越是憤怒的時候越需要冷靜，也許沉默是對付憤怒的好方法。即便你不能原諒讓你感到憤怒的物件，也不要讓事情變得更加不可收拾。所以當你憤怒的時候，請微笑。

心理孤獨—你不是一個人

厚厚的電話本，近千張名片，Line、QQ上好友成群，每天有著趕不完的飯局和聚會……然而，危難之時或欣喜之際，翻開電話本、名片夾，打開電腦尋找、梳理、搜尋，卻難以找到一個恰如其分的朋友來分擔、分享。

工作順心，處理人際關係左右逢源，看上去熱熱鬧鬧，但每當有了心事，卻找不到合適的傾訴物件。我們在工作上投入了更多的精力，而生活上卻顯得有些顧此失彼。平日裏，我們與同事關係融洽，身邊也有不少志同道合的朋友。但這些人際關係也僅僅是淺層次的交往，在真正遇到涉及自身的大事時，卻往往找不到發洩口，只有獨自承受。

只要在職場一天，你就處於臨戰狀態，表面光鮮亮麗，內心疲憊不堪。這種疲憊，有時來自工作壓力，有時來自人際關係，更多時候來自一種難以驅散的孤獨感。

雖然他們內心豐富，也很享受獨處的時光，但作為社會性動物，也渴望與人交流。

但是如同他們往往缺乏生活技能一樣，其通常也缺乏社交技能，既不知道如何接近別人，也對別人的友好感到不安。

而且，雖然他們表面上充滿自信，但由於自我要求太高，反而經常挑剔自己，並感到自卑。又因為經常為自己設立過高的目標，背負巨大的壓力。加之生活單調、除了工作以外，沒有其他的消遣方式，也沒有親密的朋友圈，所以，這一群人也是身心疾病的高發人群：「過勞死」、「慢性疲勞綜合征」、「失眠」、「焦慮抑鬱」等，是經常陪伴在他們身邊的「朋友」。

很多時候，孤獨感都是不經意間突然來襲的。深夜一個人回家的時候，會覺得又累又孤單。很多職場人之所以覺得孤獨，並不是因為缺乏合得來的朋友或同事，而是因為自己的苦楚別人觸摸不到—無從理解，也就無從分擔。

孤獨是一種常見的情緒，適當的溝通可以迅速緩解這種症狀，但我們似乎總覺得有些情緒難以啟齒。比如說，你肚子疼，可以給另一半打電話撒嬌，說你不舒服。你加班累，可以給家人打電話抱怨，說你快撐不住了。可是，如果你好端端的給別人打電話，說自己感到很孤獨，對方多半難以體會你的感受，甚至覺得你有些小題大做。

所以，我們只能一個人孤獨，並嘗試化解這種突然來襲的情緒。比如，喝一杯熱牛奶，翻幾頁雜誌，聽一張音樂CD，在地板上走幾圈，整理一下雜物，甚至看幾眼新聞聯播……

為什麼我們有如此多的朋友，豐富精彩的生活，還是會感到孤獨呢？其實這個問題不是你一個人的苦惱，它已經成為一種社會現象了。隨著社會的發展和觀念的變革，人們的生活方式和交往方式都大大改變。以前，人與人之間的交流多是透過情感依賴來完成的，稱之為「人情」，可是現在人與人之間的交往，大多是透過相互交換社會資源來完成了，是一種功利性交往，這就使得交往缺少了一點人情味。於是，孤獨已成為現代都市生活的一種常態，以高收入的白領最為嚴重。

通訊的普及，使人與人之間的溝通更加便捷，卻也讓人們的交往變得膚淺。有了電話，你可以不用面對面就與人交往；有了網上交流平臺，你可以坐在家裏與人聊天，但這些交往都是淺層次的。人們在這種方式的交往中，往往會隱藏起自己的真實想法，談的也是一些無關痛癢的話題。這種現象在年輕人中比較普遍，再加上生活和工作節奏日益加快，觀念上的變革，使得我們不願打聽別人的私事，更不願向他人吐露心聲；結果，導致人與人之間的關係日漸疏遠。

受過高等教育，整日在職場打拚的你，並不喜歡那種短式的社會交往，但內心裏，又都渴望著有理解自己、想瞭解自己內心的「熟人」，於是孤獨的心理就在這種矛盾中產生了。其實你的要求完全是合理的也是可能的，並不是只有你這樣，你完全可以找到志同道合者。

但不管怎樣，孤獨感都是一種無依無靠、孤單鬱悶的不愉快的情緒體驗。如果長時間沉緬於此而不能自拔，不僅苦惱難耐，也容易導致對世態嫉憤、對生活冷漠等消極的心理感受。因此，我們還是要學會擺脫孤獨感。

悵然若失、孤獨苦悶的時候，不必為此煩惱，你只能去適應這種心態，學會心理自療。無論你怎麼變換生活、工作環境，身邊總會有幾個朋友的，可以大膽敞開心扉，真誠待人，在感到孤獨時，學會自我調整，以健康的心理看待社會，孤獨感就會在無形中被沖淡。不管怎樣，都不要把自己封閉起來。

心理羞怯—人應欣賞自己

在日常生活中，常常會看到這樣的現象：有的人在路上碰到熟人因怕羞故意躲避；有的人不敢在大庭廣眾之下講話，一講就會臉紅舌結。上述情況在心理學上稱為怕羞心理。

史丹佛大學的心理學家研究發現，在抽樣調查的一萬多人中，約四〇%的人有不同程度的害羞表現，並且男性和女性的害羞人數比例基本持平。其實幾乎每個人都有羞怯的時候，偶爾的羞怯在所難免，但若在社交中經常為羞怯的心理所籠罩，就需要加以克服了。

心理學家認為，羞怯是一種逃避行為的最常見形式，其表現是多種多樣的。羞怯心理產生的原因，緣於神經活動過分敏感和後來形成的消極性自我防禦機制。一般情況下，過於內向和抑鬱氣質的人，特別在大庭廣眾下不善於自我表露；自卑感較強和過分敏感的人也會由於太在意別人對自己的評價而顯得縮手縮腳，表現得不自在。

怕羞心理產生的原因，除了與人的氣質特點有關外，主要是環境和教育的作用。例如，有成績時得不到獎勵，而無成績時受到懲罰的男孩是最羞怯的；如果父母在社交上是積極的，則他們的孩子大多不會羞怯，這就說明了家庭環境的作用。

在日常生活中，過分怕羞有礙於工作、學習和人際交往。這是因為有怕羞心理的人過多地約束和拘謹自己，而難與人建立親密的關係；因沮喪、焦慮和孤獨則導致性格上的軟弱和冷漠；因怕羞而怯懦、膽小和意志薄弱。

在求職現場丟了自薦書就跑，面對招聘者結結巴巴、面紅耳赤，這樣的人自然難受用人單位賞識；面對上司和同事，你一講話就發抖，完了，你工作成績再好也會大煞風景；而那些口舌如簧的人，運用他的演說才能，使他原本平平業績頓生光輝。其實只要你敢於對怕羞說「不」，一切便迎刃而解。那麼，該如何克服怕羞心理呢？

戰勝羞怯心理的方法很多，可以自己不斷地設置：

接納羞怯。羞怯的人想擺脫羞怯，其結果是越想擺脫，反而表現越明顯，逐漸形成惡性循環。因此，要接納羞怯的表現，就採取「隨它去」的態度，帶著羞怯去做事，認識到羞怯只是生活的一部分，很多人都可能有這種體驗，這樣反而有助於使自己放鬆下來，克服羞怯心理。

要有自信心。英國哲學家黑格爾說過：「人應尊重自己，並應自認能配得上最高尚的東西」。羞怯的根源部分在於看不到自己的優點，總認為自己無能，害怕不能給別人留下好印象。實際上，任何人都有自己的長處和短處，只要學會欣賞自己，增加交往的勇氣，就會表現得更加出色，也會博得更多人的喜愛和肯定。一味地在意別人的看法，往往會限制了自己，使羞怯心理越來越嚴重。

不要害怕別人的議論。仔細分析那些怕在大庭廣眾中講話，羞於與人打交道的人，便不難發現，他們最怕別人否定的評價。其實，「哪個人後人說」，被人評論是正常的事，不必過分看重。有時，否定的評價還有可能成為激勵自己的動力呢。

多爭取鍛鍊機會。針對自己怕羞膽怯的心理，可以有計劃地採取一些訓練方法。例如在大庭廣眾的場合，全神貫注地做自己的事情；多結交個性開朗、外向的朋友，學習他們泰然自若的風度舉止。當感到不安時，可以不斷地給自己積極的暗示：「沒什麼可怕的。」採用這種方法克服羞怯也十分有效。克服羞怯的訓練可採用循序漸進的方式，先在自己熟悉的環境中鍛鍊與人交往，然後再逐步增加情境的陌生性與難度。

講究鍛鍊方法。開始可以先在熟人範圍裏多發言，然後在熟人多、生人少的範圍內練習，再發展到生人多、熟人少的場合，循序漸進，逐步增加對羞怯的心理抗力。每到一個新場合之前，事先作好充分準備，增強信心，提高勇氣。

學會自我暗示法。每到陌生場合自感緊張時，可用暗示法鎮靜情緒，例如把生人當熟人一樣看待，怕羞心理就能減少大半。當怕羞者在陌生場合勇敢地講出第一句話之後，隨之而來的很可能就是流利的語言了。用自我暗示法突破起初的阻力，是克服羞怯的一種有效措施。

過度羞怯會使人消極保守、沉溺在自我的小圈子裏，不利於個人的成功，甚至有可能造成心理障礙。所以每一個羞怯過分的人都應該使自己有些改變，變得樂觀而外向一些，以適應現代社會。只要你敢於對羞怯說「不怕」，並敢於在實踐中克服它，就會走出羞怯的低谷，成為落落大方的人。

心理快樂—讓工作變輕鬆

好多人都說職場如戰場，因為人的複雜性決定了職場的艱辛。行走職場的人們或多或少都遇到過不盡如人意的事，上司的責難、升職加薪總是遙遙無期、同事間的勾心鬥角……這一切讓我們覺得工作是那麼的不快樂。

但是不要忘記，我們也有快樂的時候。工作中享受到自己工作成果時，工作後的舒張和放鬆時刻，和要好同事保持親密的關係，和同事志同道合有了默契，和上司有良好的溝通和共識，能夠發揮自己的特長……這些，都值得我們開心。學會在自己的工作中找到一些快樂的因素，然後把這些因素無限放大，我們會發現，快樂職場其實簡單又平常。

快樂是心理的一種感覺，與外在條件沒有太大關係。也許我們做不成萬人矚目的明星，也許當不了光鮮體面的人，也許永遠不懂證券股票經理人每天忙忙碌碌的工作，但是有自己的本事，能在自己的圈子裏閃閃發光、小有成就，這就夠了。

如果感覺到自己的不足之處，那就給自己充電吧。要想在公司做得更出色，就必須讓自己接受新的知識。接受新的學習不僅僅能讓你在工作中如虎添翼，而且在學習中你能感受到年輕的活力，活躍你的思維，而不同於單一工作中的枯燥乏味；學習中你還能認識新的朋友，對離開學校在職場裏摸爬滾打多年的你來說，重新回到熟悉的課堂未嘗不是一件開心事。

一定要從完美主義的陷阱裏逃脫。完美主義者總是預先給自己設定一個十全十美的目標，凡事力求盡善盡美，一旦做不到就會深深自責，沮喪消沉，由此對自己的能力全面懷疑和否定，陷入了完美主義的陷阱。其實，任何事只要我們努力就可以了，不要苛求結果。要善於學會為自己的每一點努力成果而喝采，讓自己時刻有成就感，知足自信的人才會充滿快樂。

學會煩惱「失憶症」。難於相處的上司、痛切的失戀、人際關係的煩擾、事業失意等等，人生煩惱無數，但我們不能對不愉快的經歷耿耿於懷，任鬱鬱寡歡的情緒徘徊不去。我們要儘量學著快速忘記煩惱，不如意時可以找一種迅速轉換煩惱情緒的方式，或睡一大覺，或加入朋友聚會，或投入你最喜歡的一項娛樂或運動中，總之是能讓你換上煩惱「失憶症」的方式。

永遠不要和別人較勁。有些人總喜歡與人攀比，彷彿別人的風光是他心頭的痛，別人得意之時就是他深感挫敗之日，久而久之，心態失衡，心靈扭曲，煩惱叢生。斤斤計較和妒忌一定是快樂心境的剋星。其實我們每個人都有旁人無法代替的優勢，揚長避短專心經營好自己，才會駛入更寬廣的人生路，重要的是平和放鬆的心態。

尋找快樂。快樂並不是我們可遇不可求的東西，快樂完全取決於你自己的意念。比如你手頭有一堆如山的公務，你可以想像成這是你最喜歡的事，壓力減輕，情緒高漲自然效率倍增，怨聲載道只能讓事情向相反方向發展。成功學專家卡耐基說，能接受最壞的情況就能在心理上讓你發揮新的能力。人生低潮時你可以轉念一想：我都到了低潮了還能壞到哪裏去？按發展邏輯，低處就是向高處回轉之時，這樣的心境一定會鼓舞士氣。反正事情已經糟糕了，不開心也於事無補，不如轉換思路，儘量找樂，為自己打氣。

失去也是快樂。有時候，太多的不快樂是因為我們總想獲取卻懼怕失去，並為失去東西鬱悶不開心。其實失去和獲得是一對連體嬰，互為依存。失去青春獲得成熟和人生經驗，失去玩的時間獲得辛勤工作的報酬，失去高薪職位卻獲得渴望過的休閒時刻，失去你愛的人獲得更愛你的人。這麼想過，我們真不應為失而痛，而應不時為失後的得而樂。

不要在意別人的目光。許多人丟棄了自己的意願，像是活在別人的標準裏，在別人的評判裏找尋自我的價值。別人的一句詆毀足以泯滅他所有的信心，因為他太在意別人對自己的看法。在乎別人的看法只能擾亂自己的方寸，活得沉重。只有不為別人的目光違背自己的心意，尊重自己生活的行為方式，做你真正想做的事，做想做的人，才會達到快樂自在的人生狀態。

或許我們無法選擇工作本身，但可以選擇採用什麼方式工作：用玩的心情對待你的工作，你會快樂每一天；帶著陽光、帶著幽默、帶著愉快的心情對待每一個人，把你的注意力集中在快樂工作上，就會產生一連串積極的情感交流，你的工作可以是輕鬆的，你的職場也可以是快樂的。

第五章 揣摩上司心理，和老闆共赴成功

你可以選擇工作，但很難選擇上司。上司是辦公室裏的核心人物，他的地盤他做主，你可以不喜歡上司，但是不能不與他搞好關係，當你只是辦公室裏一般職員時，跟上司的關係處理不好，將可能影響到自己的情緒、表現甚至前途，後果不堪設想。畢竟，辦公室裏的溝通還是更多地需要「自下而上」的，我們得主動揣摩老闆心理。

女上司常見的心理

我們並不願意搞性別歧視，但事實是，女性上司確實是一個很特殊的群體，她們所承受的壓力不僅比普通女性大得多，也比男性上司大很多。在挑剔的眼光、巨大的壓力、心理羈絆以及女性本身的特點等種種因素的共同作用下，女性上司表現出許多與男上司不同的特點。

如果可以選擇的話，多數人會選擇男上司。在男人還是女人手下做事，這很重要，儘管誰都不願意承認這一點。「你願意在女上司手下幹活嗎？」一半以上的男人給出了否定的答案。

心理學家把女上司分成幾種類型：女王型、軍人型、媽媽型、老師型和勾引者型。

女王型的上司注重形象，穿著講究，總是用昂貴的香水，精心化妝，喜歡被人讚美。往往大權獨攬，想控制一切，控制別人的命運。這種人進屋不敲門，認為有權查看別人的電腦，喜歡搞陰謀，權力慾強，決策果斷，不容質疑，聽不下不同意見。要求下屬必須立即執行她的指示，從不對自己的決定做出解釋。與下屬是上下級關係：我說什麼，你就做什麼。

軍人型的女上司也很容易根據衣著判斷出來。她們具有軍人風度，穿著筆挺，合體而不緊繃。她們積極進取，清楚需要幹什麼。要求下屬理解並準確執行任務。她們的原則很簡單：像我一樣努力工作。她會研究達到目的的策略和手段。出現問題會使她興奮，即使沒有「戰爭」，也會去尋求挑戰。在這樣的女人領導的集體中，氣氛總是緊張的，一切都應當動起來，人情世故在這裏沒有市場。

媽媽型的上司關心下屬，大家都會得到她的問候和關心，而她自己會像抱窩的母雞一樣不注意衣著穿戴。媽媽上司親和力強，希望得到理解，建立平等關係，甚至下命令都用請求的口吻，透過支持和關照來推動工作。和任何母親一樣，她會很嚴厲，也會責備人，口頭禪是：「我為你們做了多少事，你們怎麼會那麼不知好歹，沒良心！」安慰傷心的媽媽並不難，她很樂意接受任何可以自圓其說的解釋。

教師型的女上司也很容易從衣著上辨認出來，穿得很有品位，得體大方，只用最基本的化妝品。桌上總是堆著許多「作業本」—文件，重要的和不重要的都混在一起。像老師們一樣，有些是惡狠狠的，有些是善良的。她們要求不打折扣地完成「作業」，會檢查「完成作業沒有」。她常常訓導下屬，希望他們能不斷進步。

勾引者型的上司往往穿著性感的衣服，喜歡短裙，上衣則是低領口和露背露肩的，總是化最時尚的妝，用帶有誘人香味的香水，人一走過就會留下餘香。生意場上這種女人很少，她們主要在娛樂圈和影視圈。

還有一種是大家都熟悉的「魔王」女上司，苛刻、陰險、懷有病態的報復心理。在這種魔王手下幹活簡直就是一種折磨，任何晉升都彌補不了精神創傷。有人分析說，這種總想侮辱下屬的惡劣性格往往是想彌補在童年或青少年時期遇到的不快，這是一種發洩。當然，我們也很容易給另一種人貼上「混賬」的標籤，她的罪過只在於不願考慮我們的利益，不願設身處地為我們想想。她的「混賬」只在於：固執己見。

瞭解了女上司的個性，你才能知道如何投其所好，少受「折磨」。

職場是個殺戮戰場，如何讓老闆眼中有你，成為老闆心中的愛將，是上班族最需要學習的課程。那麼，我們該怎麼做呢？

學會溝通。因為下屬總是比較敬畏以致有溝通的心理障礙，老闆只好做孤家寡人。其實老闆也是血肉之軀，身為下屬的人主動抓住與老闆相遇的機會，輕鬆面對，比如老闆今天做了新髮型、換了新香水，都不忘適時送上讚美和評價，老闆眼中的你自然比那些躲得遠遠的人親近許多。

外表職業化。千萬不要忽視以貌取人的力量，尤其是女老闆對外貌的挑剔度更高。沒有令人足夠信服的外表，又如何吸引別人探究你的能力呢？如果你是老闆，會把一個擁有七位數字的大客戶交給一個襯衫皺巴巴的下屬打理嗎？

踏實工作。要讓老闆知道你勤奮工作，並不一定要在辦公室苦幹到十點，或許可以試試看在半夜十二點或是清晨六點給老闆發一封重要的郵件，沒有人會詢問你當時在哪裏，之前是否一直在工作。男老闆也許會忽視郵件時間，但請相信，細心的女老闆肯定不會。

做「救火者」，這一點男性領導者和女性領導者差別很大。機會總是青睞有準備的頭腦，那個挺身而出化險為夷擺平整個事件的人必然能贏得女老闆歡心，要做到這點其實不難，只要處處留心，時時在意就可以。

男上司常見的心理

和女性領導者相比，男性領導者的數量和比例要大得多。人數一多，共性自然就少，何難一概而論有什麼心理特點。完美的人都是一樣的，不完美者則各有各的缺點。我們可以給你提供一些男上司的負面類型，你可以看看自己的上司有哪些缺陷，那種類型的人都有什麼心理特質，好對症下藥。

1、感情生活複雜的老闆

這類老闆容易將最寶貴的時間耗費在感情糾紛的處理，很難冷靜地經營企業。當然，如果他能做到不讓自己的感情生活影響到工作的話，對你也就沒什麼妨礙。

2、沒有成功經驗的老闆

如果你的老闆在商場已闖蕩多年，經營的企業少說也有四、五家以上，但卻沒一有次真正成功的經驗，他經常沾沾自喜地說：我經歷過太多事情了，像我這樣垮下去又能站起來的人也不多，畢竟我有我獨到之處。那你就應該開始懷疑自己的選擇了。

是的，他是有獨到之處。能夠連續幾次從失敗中再站起來，的確不是一件容易事。相反地，若連續數次都未能竟其全功，想必他個人有某些重大的缺點，因運氣不會一直都落在某一個人身上。若你的老闆屬於此一類型，那你就必須仔細探討他多次失敗的原因，一個沒有成功經驗的老闆，你怎能肯定他這一次一定會成功，除非你能替他帶來好運。

3、事必躬親的老闆

「每一件事情我不經手就一定會出差錯！」這是很多老闆經常掛在嘴上的話，也是他們引以為豪的一件事。

如果老闆事不問大小皆要親自參與，他怎能期待屬下能獨立呢？無法獨立的屬下自然出錯的機會就大，特別是當事必躬親的老闆不在場的時候。如果你不希望永遠處在一家名不見經傳的小公司，便最好選擇一位懂得授權的老闆，不要在意公司目前的規模大小。除此之外，事必躬親的老闆也無法留住真正的人才。一位有創意，有擔當的人才絕不希望老闆常相左右。同樣地，一家留不住人才的公司，你怎能期望它有良好的績效呢？

4、魚與熊掌都想兼得的老闆

天下沒有白吃的午餐。又要馬兒好，又要馬兒不吃草，這種老闆只能稱之為不知何所取，不知何所捨的老闆。魚與掌都想兼得的老闆，通常是魚與熊掌都得不到，也是經常因小失大的老闆。成功的老闆應該懂得什麼是放長線釣大魚。抓雞不著蝕把米的老闆，到最後一定是兩手空空的。知所取，知所捨是成功老闆必須具備的一個條件，割捨是件很痛苦的事。如果你的老闆一直無法克服這個痛苦，便是你該三思的時候了。

5、朝令夕改的老闆

積極是一種美德，有耐性卻也不是件壞事。企業環境不斷地變化，公司決策當然也需相應地改變。然而任何決策的成敗，均需經過相當時間的證明。如果你的老闆只有積極，但缺乏耐心的美德，你花費許多時間所策劃的案子，他在實行三天之後就可將之取消。或者花費數個月醞釀的計畫，往往因為訪客的一句話而告全盤推翻。更令人沮喪的是，根據老闆指示而做的計畫，往往石沉大海一樣擱在他的抽屜裏。

這種老闆永遠不會瞭解，不去決策也是一種決策。你會發現，公司上上下下都很忙，忙著收拾殘局，忙著在挖東牆補西牆。老闆一天到晚都在提出新藥方，但他永遠不會相信，有些疾病只有時間可以治癒。

6、喜新厭舊的老闆

除非是一家百年老店，否則在公司內部總可以見到幾位開國元老。如果你沒有發現這類國寶級的員工，很可能他們在江山底定之後就被杯酒釋兵權了。與這類老闆共事，通常有段蜜月期，長則半年，短則三周。這類老闆不能客觀地評估員工的績效。即使你做好九十九件事，但第一百件事搞砸了，你就很難在老闆面前再有翻身的機會，除非你能保證，你的工作績效永遠令老闆滿意，否則你應隨時有走路的心理準備。

7、言行不一致的老闆

這類老闆最常說的一句話是：「賺這麼多錢對我並沒有什麼意義。」

企業最重要的任務之一就是追求利潤，利潤是公司生存的唯一命脈，又何必刻意加否認呢？在這類公司，依照公司章程，如果中午休息時間一個小時，老闆通常會在休息五十分鐘的時間，進進出出，發出許多噪音將熟睡的員工吵醒，然後再笑容可掬地說：「大家繼續睡啊！還有十分鐘。」只要假以時日，這類言行不一致的老闆必然無所遁形。當然，若你也是抱著真真假假、假假真真的人生觀，那也無妨。

8、喜歡甜言蜜語的老闆

這類老闆通常分不清何者為善意的批評，何者為惡意的攻訐。更分不清何者為真心的讚美，何者為別有居心的諂媚。當然，我們不能期望老闆聽到批評時還能心花怒放，因為不願接受批評是人的天性，但若是善意的批評妨礙了員工在公司的發展，則人人噤若寒蟬。長久下來，除非老闆能發掘所有的問題，否則公司的經營缺失必定永遠不能獲得改善。更重要的是，這種環境具有反淘汰的作用。

通常情況下，女性下屬和男性上司者相處，只要把握好分寸，是很容易的。而男下屬和男上司之間，幸運的話會惺惺相惜，建立良好的上下級關係。不太幸運的話就要注意了，不可以做得太好讓他有危機感，也不可以幹得不好讓他瞧不起。最終還是要根據他的性情揣測他的心理。

上司容易出現「黑色情緒」

情緒本身沒有好壞之分，傳統上，我們會認為某些情緒是不好的，例如憤怒、沮喪、焦慮等，有些我們認為是好的，比如喜悅等。於是我們稱前者為負面情緒，稱後者為正面情緒。正面情緒誰都願意看到，但「黑色情緒」就不那麼讓人好受了。

在下屬眼中，很多老闆都是火爆脾氣，跟下屬拍桌子是常有的事，甚至跟他們一起闖江湖的主管也會有被罵得狗血淋頭的時候。要知道，老闆大權在握，在公司裏唯我獨尊，因此，在下屬面前，更容易隨意發洩自己的情緒。尤其是身為公司的領頭羊，他面臨的壓力和挑戰不是一般人所能想像的，因此，當他面臨重大壓力的時候，他會將自己的情緒發洩到下屬身上。

老闆不只是享有權利與金錢，他還必須承擔相應的責任。工作開展不力，出了問題，最後要承擔，所以，他必須時刻注意「掌舵」，糾正錯誤，並警告那些偷懶者。在這種巨大責任的壓力下，老闆的心情難免是很緊張的，很容易為下屬的不理解、不爭氣的行為而感到惱火，時間一長就養成了愛發脾氣的習慣。

現代心理學的研究指出，人在心理壓力比較大的情況下容易產生心理緊張和焦慮，易發生衝動性的異常行為。這是對上司愛發脾氣的再好不過的科學解釋了。可以說，發脾氣是人類的一種很普遍、很正常的心理現象的外化，是心理壓力過重的結果。因此，上司的脾氣並無什麼特別之處，只不過他是處在了一個必須面對各種壓力的位置上而已。

上司出於各種矛盾的焦點上，是利益和權利的中樞。許多難解的疙瘩都要由他去解開，許多久積的矛盾都要由他去化解，而這些問題往往是最棘手、最勞心傷神的，其中的種種曲折、種種煩惱恐怕只有他一個人才知道，他的心情會總是很好嗎？

這個時候，如果你不懂得應付老闆的黑色情緒，可能就會被他的不良情緒影響，接著會懷疑自己的工作能力，久而久之，陷入自卑和沮喪的情緒中。如果你懂得解讀、分析和自我緩解的藝術，你就能更好地處理跟老闆的關係，或許，事業還會更上一層樓呢。

小琳還沒走進老闆的辦公室，就聽見老闆在裏面咆哮：「你們這些人是怎麼回事？

哪有你們這麼辦事的？都是飯桶！」小琳小心翼翼地敲了敲老闆的房門，過了一會兒，聽見老闆高聲說：「進來！」小琳進了老闆的房間，看見幾個同事正垂頭喪氣地站著挨訓。看見小琳，老闆仍然沒好氣：「妳怎麼現在才來？你們可以走了！」幾個同事趕緊離開了房間。憑她的經驗，這次被老闆召見是凶多吉少。果然，老闆拿出小琳昨天交的企劃案，「啪」的一聲摔在桌子上：「妳寫的這是什麼玩意兒？連客戶的基本情況都沒有搞清楚！還有這個地方、這個地方！這麼寫合適嗎？啊！」小琳不敢申辯，只好低著頭聽老闆訓斥。老闆訓了多長時間她不知道，直到聽到老闆說：「出去吧！」她這才離開辦公室。

回到自己的座位上，小琳心裏委屈極了，她的企劃案明明是週一開會的時候按照老闆的要求寫的，但是現在卻被他挑剔得一文不值。老闆怎麼也不顧及自己是個女孩子？就這麼一點臉面也不給她留？小琳越想越覺得難受，到了午飯時間，小琳也沒有心思吃飯。一連好幾天，小琳都在老闆的黑色情緒感染下垂頭喪氣。其實在心理學上，憤怒常常是內心力量的體現。老闆們一般都是力量型的人，這樣才能獨當一面，所以他們一般都比較強勢，比較堅強，不容置疑。當他們遭遇挫折時，會以一種比較極端的方式表現出來。憤怒其實是一種力量，去改變一個我們不能接受的情況。

在老闆的憤怒之下，不要將老闆的憤怒看成是指向自己一個人的。其實，小琳只是老闆發洩憤怒的一個物件而已。老闆有可能是在外面遇到了一些壓力，也可能是在處理家庭關係上出現了一些問題。總之，不要以為老闆的情緒是因為自己引起的，因為你對於老闆來說，可能還沒有那麼重要。老闆不能對著客戶發火，也不能到大街上去發火，公司是他掌控下的安全地帶，所以他最有可能選擇這個安全地帶來發洩情緒。

如果以後你遭遇到老闆的「黑色情緒」，下面這些可以幫你自我緩解：

學會察言觀色，當你發現老闆已經有發火的跡象，只要不是必須要找他，就避開風頭吧，也許明天他就恢復如常了。

如果不巧你成為老闆的發洩對象，在他發火時千萬不要頂撞和爭辯，越是解釋越容易引發他的怒火。

千萬不要認為老闆發火了就會炒你魷魚。如果人人都在被老闆罵之後就辭職，那公司可能早就沒有幾個人啦。

總之，上司的脾氣看似無常，實則是心理活動的一種必然表現，我們應該理解上司的這些情緒變化，就像理解自己偶發的一些脾氣一樣。只要老闆的做法不是特別過分，身為下屬的你是應該理解並諒解他，至少不要為此影響自己的情緒。

上司的「冷暴力」心理

「冷暴力」的概念最先出現在婚姻家庭中，但是現在這一概念已經蔓延到職場中，被稱之為「職場冷暴力」。所謂「職場冷暴力」即指上司或群體用非暴力的方式刺激對方，致使一方或多方心靈受到嚴重傷害的行為。其主要體現在讓人長期飽受譏諷、漠視甚至於停止日常工作等刺激，使人在心理上壓抑、鬱悶。

調查中，職場人就自己對於「職場冷暴力」的理解進行了描述，其中比較集中的包括：精神虐待、心理戰、人與人之間的冷漠無情、自尊的傷害、穿小鞋、逼人自動辭職的一種手段等。調查顯示，職場冷暴力主要來自於上級，這一部分的選擇超過了四分之三，可見，上級是職場中相對強勢的一個群體。

例如你得罪了老闆，隨後被冷落，本該你做的工作，老闆安排其他人去做，把你「晾」得壓抑而沉悶；或是與部門主管發生矛盾後，主管故意給你安排八小時內做不完的工作量，使你忙得喘不過氣來，這些都是職場冷暴力的高發性事件。它有著強大的危害指數，會使人產生各種心理不適，如壓抑、鬱悶等等。從而導致生理上的不適症狀，如身體的消化、免疫、代謝等功能都將受到損害。最終反應在工作中的職業倦怠、甚至離職，所以不得不瞭解。

心理學家分析，職場冷暴力的產生有三個方面的原因：第一，用冷暴力對待下屬的個體大部分在其成長過程和職業生涯當中遭遇過類似的待遇，因為從心理學角度來看，一切東西都是習得的。第二，在辦公室文化當中，吵鬧、打罵是會受到公眾譴責的，而採用冷暴力對待別人，其自身不會受到任何公開譴責。第三，從心理學角度來看，實施職場冷暴力的人在人格上有缺陷，這裏所說的人格是指人內在的氣質和性格，這種性格使他們使用一種相對偏激的行為處理方式。其實這種行為也是他們的一種自我保護的行為，他們以為這種方式是有效的，但是沒有考慮到可能對他人造成傷害。

Lily是行政助理，一直以來她跟上司的工作關係都很融洽。但是一年前在一次工作會議上他們為工作方案當場爭執起來。會議結束後，Lily雖然跟上司道了歉但都無濟於事，從那次會議起，上司對Lily不聞不問，交代工作也讓他人代轉，甚至工作會議有時也不叫她參加。

在這個案例中，上司認為Lily當眾和他爭執，掃了自己的面子，但又不好說轉而採取冷暴力對待Lily。其實這是以生活事件為導火索引發兩者或者群體內部的某種衝突，當事者一方產生了一種挫折感。心理學研究指出，人們在受到挫折以後的行為表現主要是攻擊、退化、固執和自我防衛等等，而其中尤以自我防衛和攻擊行為最為突出。冷暴力就是一種由挫折感轉化的非武力的攻擊行為。

冷暴力同時表現出的是一種人際關係上的不和諧。因人際關係反應傾向不同，表現為不同的人際反應特質，包容性較弱的人反應特質為排斥、對立、疏遠、迴避、孤立；包容性較強的人則剛好相反。控制慾較強的人希望通過權力權威，與他人建立和維持良好的關係，表現為使用權力、權威以影響、控制、支配、領導他人；相反特質表現為：反抗權威、忽視秩序，受人支配或追隨他人等。這就構成了人際交往需要的強度差別。Lily的上司明顯存在狹隘心理，包容性不強而控制慾較強。但在職場中不允許使用武力，那麼便採用了精神傷害這種更加隱蔽的手段對付下屬。

明白了發生冷暴力的心理原因，當然應該極力避免。但如果不幸遭遇到，該怎麼有效應對呢？

面對冷暴力，無非是消極應對和積極應對兩種方式。採取消極迴避的人，認為挺一挺就過去了、忍忍算了，這樣的應對會加重壓力的消極影響，甚至對身體造成傷害。積極應對認知上表現為從有利方面看待壓力，回憶和吸取過去的經驗，考慮多種變通方法等；行動上表現為積極行動，做有益於事態發展的事情。比如積極應對能減緩壓力所造成的不良影響，將壓力帶來的損失減小到最低點。冷暴力發生後要分析問題事件的來龍去脈，認識到自己可以改變什麼，積極去做。如果是誤解造成的要主動溝通，善於運用自身的社會支援系統，找其他同事從中幫忙調節，並找自己要好的朋友傾訴及時宣洩。

另外一定要注意對情緒進行自我調控和管理，當發現自身壓抑的不良情緒時要及時予以消除。冷暴力的發生總是有原因的，或者在自己或者在對方，首先要找到問題，然後針對問題儘量化解敵意，這才是主要的，而不是僅僅糾纏在誰對誰錯的問題上。

上司征服下屬的心理

身處上位的領導者多數具備高支配型特質，他們競爭力強、好勝心盛、積極自信，是有決斷力的組織者。他們胸懷大志、勇於冒險、分析敏銳，主動積極且具有強烈的企圖心，只要認定目標就勇往直前，不畏反抗與攻訐，誓要取得目標。他們說話常以命令式的語氣，要求令出即行，不容置疑。他們通常對自己的能力高度自信，喜歡挑戰並且有必勝的決心。當然，當有人敢於觸犯他們認為合理工作準則時，他們發威的情勢也可想而知。

其實，男人天生會有一種支配慾，當他處於領導者的位置時自然就表現出來了，關鍵是身為下屬的你該如何應對。

「我的經理從沒問過我們的意見，從不聽我們的計畫，更別提在工作中運用他人掌握的知識和經驗了。我必須要跟在他的想法後面做事，這讓我很有挫敗感。」有人這樣抱怨。這種固執己見、控制慾極強的表現就是支配心理、征服心理的一種表現。

該怎麼應對呢？在你對此不滿的時候，首先要肯定老闆不是因為認定你才能有限，才不得已而為之。他有如此強的控制慾是因為心理原因，而不是客觀必要，你需要培養老闆對你的信心。你可以從向他申請處理一些簡單的小事情做起，然後循序漸進幫助他分擔重要的工作。但在一開始的時候要特別小心，儘量避免出錯，因為他很可能由於一點小錯就對你失去信心。

有的老闆會滔滔不絕地給你講上幾個小時的大道理，更糟的是，他還會大談特談一些他根本不懂的話題，有時候你恨不得自己從來沒長過耳朵。他強烈地認定自己永遠是對的，所有人都只能贊成他的觀點。

這時候，你只需要換上一副嚴肅的表情並且不斷點頭就可以了。如果你的老闆從不承認自己錯了，不要和他爭吵，因為他也許會視你的爭議為威脅。你只需要順著他的意思，然後就會發現他容易相處。事情就是這樣簡單。

對於領導者的這種征服心理，絕大多數員工會抱怨，但其實有效的控制是促使團隊更加有效達到目標的手段，而且能夠控制在基本正確的道路和方向上。只要你的老闆控制慾沒有強烈到病態的地步，你就能夠很好地應對。

既然他想征服，那就滿足他好了。常言道：恭敬不如從命。謙恭地敬重上司，不如順從上司的意志和命令。對高明的讚美者而言，服從是金，語言是銀。這是由上司與下屬的特殊關係決定的。

每個上司都喜歡聽讚美的話，就連包拯也喜歡老百姓稱他為「包青天」，但善於用語言來讚美上司的人卻未必是上司最喜歡的下屬，也未必能得到上司的信任和賞識。有些人平時對上司說恭維的話，也常常使上司感到開心，但關鍵時候卻又頂撞上司的旨意，不同意上司的決策，不服從上司的命令，導致前功盡棄。

在上司看來，不服從就是不尊重。上司是工作上的權威，很重視自身威信，下屬的服從無疑是對上司的威信的維護和尊重。以自己的行動來貫徹上司的意志，使上司的權威和威信得到認可、維護和鞏固，無疑，聰明的上司也最喜歡這樣的讚美，這樣的下屬也受上司的青睞。

當然，服從上司並不是要求盲目服從，凡是上司說的都要聽從、上司決定的都要遵從，盲目服從可能是對上司的一時的恭維，但從長遠和結果看，如果服從的是錯誤的決策或命令，可能會害人害己。聰明的下屬既尊重上司的決策和命令，又能有分辨地執行上司的決定，只要事情解決的完滿，把功勞很大程度上歸於上司，同樣能得到上司的賞識和信賴。

如果感覺到自己的老闆征服慾比較強，那麼平等與他交往，主動與他交流工作中的問題。既然老闆想讓其部屬高度服從，那麼當然不喜歡有人當面與他對著幹，當然，這並不是說唯唯諾諾就好，因為也許他在骨子底是喜歡有獨立見解的屬下。所以，當老闆說話時，你要做的是傾聽。如果確實與他意見存在較大分歧的話，不妨選一個單獨見面的機會開誠佈公地告訴他你的意見。

總之，把握上司的心理，拿捏好自己的行為分寸，才是職場生存之道。

雞蛋裏挑骨頭的心理

你很能幹，可是時運不佳，遇到了一個挑剔的老闆。你已經很努力工作了，可是挑剔的老闆卻總以懷疑的眼光質問你：為什麼不做得更好些？你出色地完成了工作，但是習慣於雞蛋裏挑骨頭的老闆卻照例地指手劃腳一番，沒一句好話。更別提有那麼一次、兩次的小小失誤，老闆喋喋不休的指責和抱怨了。

為什麼你的老闆總是那麼不可理喻呢？這其中自然有原因。

也許，你的老闆本身是一位完美主義者，做什麼事情都要盡善盡美，那麼他當然會一直挑剔了；也許，你的老闆自己承受著很大壓力，這種壓力轉化為對下屬的挑剔；也許，你的老闆性格本身有缺陷，就是愛挑人毛病……

工作上，女老闆們往往很挑剔，因為當她們在你這個職位的時候，由於她們的性別，受到的指責是男性職員受到的幾倍，現在你當然不能指望她們心慈手軟了。假如她恰巧是一個女權主義者，你更得多長幾個心眼。

不管是什麼原因，一位好的老闆都會或多或少有挑剔心理。老闆愛挑剔，公司才會進步，幹部才會戒慎戒懼，把事做好，上級要不斷將管理需求，明白傳達給下屬，若老闆容易滿足，部屬就不會求長進。對員工挑剔的老闆，其實是對工作結果挑剔，那麼，他的生意應該不錯。在商場競爭環境當中，客戶是很挑剔的，只有更加挑剔的老闆，才能始終讓客戶滿意，或者生意成功。老闆成功了，你的薪水才有保障。

所以，你首先在心裏要明確，老闆挑剔是為了所有人好，你需要做的是找出應對之道。

做廣告方案工作的琳娜很頭疼，因為她的老闆就是一個典型「雞蛋裏挑骨頭」的老闆。「當我低眉順眼地向他詢問到底欠缺在哪裏時，他倒是很直接：我也不知道到底哪兒不好，但我就是覺得還有不完美的地方，總之妳還要繼續，要不，就重來。」每當琳娜為了遞交方案從老闆的辦公室裏走出來時，心情就跌落到了谷底。「他的挑剔就像一把尖刀，總是把我精心雕琢的東西刺穿，無數次的重新來過，讓我覺得自己是個沒有才華與能力的人，久而久之，我失去了對工作的興趣。」

如果再不調整，琳娜明白自己最終要從這家待遇不錯的公司離開。「逃，不是我的性格，但我還是獨自跑到一個山明水秀的地方待了一陣，仔細思考我的壓力來自何方。終於，我明白對一個追求完美的老闆來說，我的壓力來自他的挑剔，我決定從下一個方案開始，我要挑戰他，一定要讓他說出『好』字！」

琳娜接手一個食品廣告的方案創意後，精心地準備了三個方案，在這三個側重點不同、宣傳風格迥異的方案中，琳娜把自己的視角調整成了一個挑剔者，幾個通宵的無眠之夜過後，雖然面對著提交的方案，老闆還是搖頭，但當我說出最後的思路：把三個方案的亮點結合在一起時，他的笑意也漸漸浮現出來。藉此機會我明確地表示希望他以後儘量從我的盡善盡美中找出不那麼令他滿意的地方來。要知道這無疑也是給老闆一個不大不小的回馬槍呢！終於，我的壓力釋放了：把壓力丟回給那個施壓者，並從中品嘗超越的快樂。

作為老闆，如果他不是在故意刁難你，那麼他的挑剔就是在幫你進步，可以讓你更好地發揮自己潛力。無論被批評與否，都要把工作做到最好，這才是杜絕老闆挑剔的最根本辦法。同時要使用你的「移情」能力，從老闆的角度客觀地看待自己，或許你會理解他。如果你盡職盡責，對自己嚴格要求，相信肯定也會對自己很挑剔，所以老闆的挑剔也不足為奇。調整自己的心態，對老闆的意見，有道理的就接受，沒道理的分析他之所以這樣做的原因。

總之，不管怎樣都不要讓自己產生心理困擾，要保持一顆寵辱不驚的心。老闆一個冷漠的眼神，上司一句不顯山露水的批評，足以讓焦慮的人產生諸多聯想─我做錯什麼了？位置是否不保了？加薪是否無望了？於是在悲觀失望中只會越想越焦慮，直到食不甘味。何苦呢？只要把老闆交待的事盡力做好，就算老闆挑剔了也不必緊張，要不順其自然，要不早做打算，只要有本事，就不用受制於某個人。

上司最容易出現孤獨的心理

領導者位高權重，所謂「高處不勝寒」，在權力的光環背後，往往隱藏著鮮為人知的寂寞、孤獨和無奈，所謂「知我者謂我心憂，不知我者謂我何求？」

一位老闆曾經這樣感嘆：為了出人頭地，自己從小發奮讀書，卻失去了孩子童年應該有的歡樂。成人後開始創業，臥薪嚐膽，談戀愛都嫌浪費時間。在不能兩全的情況下，他毅然選擇了事業。周圍人讚揚他為了事業不顧一切的精神，他也不折不扣地認可自己是無比的正確。他從沒有陪妻子上過街，從沒有帶孩子逛過公園，妻兒的抱怨被他罵為「婦人之見識，孩子之幼稚」。

大把的錢他有了，在別人的羨慕和讚揚聲中他更加沒日沒夜地努力奮鬥。腦袋裏只有一個強烈的概念，如何以最快的時間賺到更多的錢，如何把錢再變成會滾動的雪球，如何把產品變成世人皆知的品牌，如何讓公司儘快上市。一個比一個高的目標，使戰線大大地延伸了下去，他又加足了馬力，開始再次衝刺拚命，各種人事紛爭，來自方方面面的壓力……直到他一頭累倒躺在病床上時，才發現自己好孤獨。

老闆也是人，他們也有不為世人所知道的苦澀與脆弱。當他們以健康為代價，在洽談生意的宴席上頻頻舉杯，喝下一杯杯燒肝毀腎的烈酒，回到家裏昏天黑地嘔吐，還要被老婆罵成是貪酒的醉鬼時；當他們因有錢被「男人有錢就學壞的」邏輯所套住，被家屬無端定為色狼而嚴加防範的時候，當他們帶著一身的疲憊，邁著沉重的腳步，跨進家門，聽到的是不信任的冷嘲熱諷，看到的是「偵察員」的眼睛時，他們的苦衷跟誰說？他們的委屈哪裏訴？他們也需要理解和關愛，因為他們也是人。

一個企業的老闆就是一個企業的頂樑柱，他所承受的負荷是常人所無法想像，更無法理解的。人們只看到他們的風光，卻無法理解他們背後的痛苦與無奈。商場如戰場，「勝者王侯，敗者賊」的殘酷遊戲規則，讓每一個企業的老闆如履薄冰。

老闆的交際圈很廣，但風光只在表面。與政府，永遠是官和商講不清楚小心翼翼的關係；與家人和親人，疏於溝通可能出現了裂縫；與原來的朋友，經過多年的創業，要嘛分離，要嘛剩下來的就是下屬關係。

別看他們在辦公室裏威風八面，要風得風要雨得雨，實際上，只要業績稍不如意，他們就有可能風風光光地來，灰頭土臉地走。一般人心裏難受，還可以找朋友訴苦，他們找誰去？找下屬？不可能；打電話給老朋友？大家都位高權重，自顧不暇，抹不開這個臉。

企業發展到一定程度，公司的煩惱老闆已經不可能和太太談公司的事情，也不能和朋友說，因為這是商業機密。老闆只能和幾個重要的骨幹討論，但是下屬和老闆之間永遠是上下級的關係，隔著距離，老闆也不可能把所有的話告訴下屬。有了煩惱，不能和家人說，不能和朋友說，更不能和下屬說，老闆高處不勝寒。

又有老闆開玩笑，星期六星期天找職業經理人打球的人很多，但找他們的很少，因為沒有人願意和老闆在一起。不能隨便外出，不能隨便做事情，老闆的一舉一動都要考慮到企業的形象，享受不到別人所謂常態的快樂。說不出來的苦才是真苦，所以他們很孤獨。

他們渴望真誠的朋友，可是他們聽到更多的是恭維，是奉承，看到的是一張張卑微的笑臉，他不知道這些動聽的語言背後的目的是什麼，他猜不出那幾乎是同一種「笑容」的後面真實有多少，他們不敢相信真心，所以內心更加寂寞。

老闆是孤獨的，在中國尤其如此。因為在我們的文化中，老闆是應該被高高供起來的，就像菩薩和皇上。所以人們通常和老闆保持著一定的距離，於是老闆就越來越孤獨。所以，每個公司都有小人的存在，他們整日圍繞在老闆的身邊，所說的，所做的，都是老闆想說的、想做的，因為他們的存在，老闆才不會感覺到孤獨。其實，小人的得志，也正是由於我們文化中的缺陷造成的，小人的機會也是由於我們刻意的迴避造成的。老闆並不一定都喜歡小人，但是老闆也是人，他也害怕孤獨。

明白了老闆的孤獨處境，你知道自己該怎麼做了嗎？未必要與他做朋友，但你可以真誠地與其溝通，不要讓他真的成為孤家寡人，真誠的關愛和理解才能創造人與人之間最好的接納與和諧。

透過眼神看穿上司的心思

想想工作中常見的一個情形：在工作單位中，當上司與屬下討論問題的時候，上司的視線必定會由高處發出，而且會很自然地投射下來。反之，為人屬下者，雖然自己並沒有做出什麼虧心事，但是，視線卻經常由下而上，而且往往軟弱無力，不斷移開。這是由於職位高的人，總是希望對屬下保持其威嚴的心理作用。

德國著名心理學家梅賽因說：眼睛是瞭解一個人的最好工具。此言不虛，語言可以說謊，但眼睛不會。眼睛總是能提供很多資訊，例如看人時，眼睛睜大表示更願意與人交談，而眼睛深陷，眼神喜歡盯住一處的人則更加保守。眼部的一些細微動作，能夠很好地顯示出對方的所思所想。

醫學研究發現：眼睛是大腦在眼眶裏的延伸，眼球底部有三級神經元，就像大腦皮質細胞一樣，具有分析綜合能力。所以，眼睛在人的五種感覺器官中是最敏銳的，大概估感覺領域的七〇％以上。而瞳孔的變化，眼珠轉動的速度和方向等活動，又直接受腦神經的支配，再加上眼皮的張合，眼與頭部動作的配合等一系列動作，人的感情就自然而然從眼睛中反映出來，而且它所流露出的資訊比言行更為真實。所以，想要瞭解一個人，一定要注意觀察他眼部的動作。下次與上司打交道時，千萬別忘了注意他的眼神。

透過眼神去窺視人的心理活動，是人們在社會生活中常用的方式。但是如果你想有意地、自覺地去從眼神中透視上司心態，就必須掌握有關的理論和技巧。上下屬之間的眼神交流，更能無聲地傳達出他們之間的關係如何、默契與否。身在職場的你，又如何判斷上司眼神裏的含義呢？現在，來看一下在交談時怎樣從上司的眼神和視線裏探出對方的真正意圖：

心理學家認為，眼睛是心靈的窗戶，常見的瞳孔語言為：在表示反感和仇恨時，瞳孔縮小，還露出刺人的目光。相反，睜大眼睛則表示具有同情心和懷有極大的興趣，還表明贊同和好感。

上司說話時，不看著你，這是個壞跡象，他想用不重視來懲罰你，說明他不想評價你；上司從上到下看了你一眼，則表明其優勢和支配，還意味著自負；上司久久不眨眼盯著你看，表明他想知道更多情況；上司友好地、坦率地看著你，甚至偶而眨眨眼睛，則表明他同情你，對你評價比較高或他想鼓勵你，甚至準備請求你原諒他的過錯；上司用銳利的眼光目不轉睛地盯著你，則表明他在顯示自己的權力和優勢；上司只偶爾看你，並且當他的目光與你相遇後即馬上躲避，這種情形連續發生幾次，表明面對你，這位上司缺乏自信心。

當某人內心正擔憂某件事，而無法真正坦白地說出來的時候，他會有閃爍不定的眼神。當你看到他灰暗的眼光，就應該想到對方有不順心的事或發生了什麼意外的事情；而當你和他交談時，他的眼睛突然明亮起來，則表示你的話正說中了他的心裏最急於表達的事情。

如果你的上司目光炯炯望人時，上睫毛極力往上抬，幾乎與下垂的眉毛重合，造成一種令人難忘的表情，傳達著某種驚怒的表情。如果他眼睛往下垂，這個動作有輕視對方之意，要不然就是不關心你的情形。這種上司一般個性冷靜，本質上只為自己設想，是任性的人。

眼珠轉動快速表示他第六感敏銳，反應快，能迅速地看透人心。這種上司往往特立獨行，有情緒化的性格；眼珠轉動遲緩則表示他感情起伏少，不易受他人影響。此外，眼珠轉動的方向不同，表示的意思也不同。眼珠向左上方運動，表示回憶以前見過的事物；眼珠向右上方運動，表示想像以前沒見過的事物；眼珠向左下方運動，表示心裏在自言自語；眼珠向右下方運動，表示正在感覺自己的身體；眼珠左或右平視，表示正在盡力弄懂所聽到語言的意思。

如果你對自己在上司心目中的印象一直不太有底，現在你該知道怎麼做了吧？對，看他的眼神。當然，這些都是一般情形，並不排除例外。你還要根據具體情況具體分析，而且你需要注意的是：成熟的、有教養的人會善於控制自己的情感，不輕易讓它從眼睛裏流露出來。即使不喜歡對方的人和事，也不會輕易地做出一種鄙夷或不屑一顧的眼神。如果你的眼神展示出一種落落大方、親和友善的風度，容易受到眾人的尊重和歡迎。用心解讀上司的眼神，同時注意自己眼神中傳遞的資訊，你才能明智之舉。

上司嫉賢妒能，下屬含而不露

你的老闆常常故意雞蛋裏挑骨頭，當著大家的面數落你，或者嘲笑你的想法嗎？猜猜看他為什麼這麼做？既然你不會突然變得低能，只能說明他開始嫉妒你！面對你的工作成績他感到了危機。這種老闆害怕失去自己在團隊中的重要位置，所以他會想盡辦法讓你出醜，貶低你。無論你說什麼，他都絕少會贊同。但有些時候，他並非因為害怕你危及他的位置而不安，只是因為他害怕在這場較量中輸給你，或者失去你。

「我的上司曾經是個良師益友，可是最近他突然變得渾身帶刺。起初我認為他對我的成績心存嫉妒，不過後來我發現他是害怕我翅膀硬了離開他另謀高就。所以他不斷挑我的毛病，彷彿在告訴我：你還有好多可學的呢。」有人這樣說。

「才高被人忌」，這是古今職場的通病，下屬最好學會韜光養晦，大智若愚，才能善始善終。

有些上司往往容不下強者，有的上司有很強的嫉妒心理，如果下屬超過自己就不能容忍，似乎下屬的成功就意味著自己的失敗。嫉賢妒能是一些人的社會通病。

對下屬而言，本來是自己透過努力，辛辛苦苦得來的一點成績，卻反而招致上司如此不友好的對待，往往會給人帶來一種極大的委屈和不平。

有事業心的人都想成功，而成功難免招致別人眼紅和嫉妒。在受到別人嫉妒，特別上司的嫉妒時，下屬最好能夠學會韜光養晦、大智若愚，千萬不要與上司爭功。

我們都知道，蕭何是漢高祖劉邦的重要謀臣。劉邦進入關中以後，因蕭何在行政管理、戶籍管理方面很有一套，頗得民心。當時關中百姓只知有蕭何，不知有劉邦。蕭何的一個門客提醒他說：「您不久將要被滅族了，您佔據相國高位，功勞第一，是人臣之極，不可能再得到皇上恩寵。可是您自進入關中後，得到了百姓的擁護，深得民心，皇上幾次問您的原因，就是關中百姓都跟著您跑啊！」

不久，南方少數民族起兵反漢，劉邦率軍親征，留蕭何守關中，蕭何趁機強佔民田、美宅，強奪他人妻女為婢妾，一時間，民怨沸騰，怨聲載道。高祖凱旋還朝時，老百姓攔路控訴蕭相國。高祖心中有說不出來的高興，只是表面上斥責蕭何說：「你自己去處理吧！」從此不再擔心蕭何會功高震主了。

我們知道，在古代，有多少良臣名將落得「鳥盡弓藏、兔死狗烹」的下場，而蕭何正因為深諳此道，才用往自己臉上抹黑的辦法，穩住了劉邦，得以平安享盡天年。

通常情況下，人們是不會和一個溫順之人計較的，所以，一些識時務的能人俊傑，面對各種可能的嫉妒，常會採取圓滑穩重的處事方法來保全自己，以免招來各種暗箭的傷害。

如果你覺得上司有點嫉妒你，那就記得不要比上司更閃光。時刻謹記，想要取悅老闆，就不要表現出比他還才智過人，否則你就會招來不必要的麻煩。不過這不意味著你一定要站在上司的陰影裏畏畏縮縮，因為有比你的上司站得更高的人，他們會看得更遠。所以你應該讓他們知道你的真實能力，這樣才不會錯過屬於你的機會。

盡藏鋒芒儘管這很痛苦，但你應清楚，上司提拔你可能要費點力，可是消滅你卻是舉手之勞，因此要懂得先保護自己，收斂銳氣，待時機成熟再鋒芒畢露，一鳴驚人，減少中途夭折的危險。在職場中自然要以老闆為榜樣，但最好的狀態是永遠和老闆差一小步。

對上司的嫉妒，不要針鋒相對，而應平心靜氣，充分施展自己的人格魅力。人心都是肉長的，上司會從中感受到你的人品善良，正直可靠，會自覺放棄以前嫉妒心理，雙方關係融洽了，工作效率更佳。

恃才傲物、倚才輕上，對上司說三道四，不服管教是某些才子的通病，這樣的人上司自然欲除之而後快，因此化解紛爭，服從領導，尊重上司，處處從小事做起，天長日久，上司覺得你沒野心，雙方矛盾自然化解。

要學會跟上司分享利益。上司嫉妒，是因為作為他手下的你取得了他得不到的某種利益及好處，受到冷落，面子掛不住。這時就需要你有捨得分享功勞的勇氣，給上司某種心理補償，讓他得到平衡，如聽得最多的莫過於「在某人的指導下，我取得了成功……」就是這個道理。

如果你遇到的是品行不良的上司，懷柔政策無法消除其嫉妒時，就只有採用正面反擊方式了，可開門見山與上司擺事實、講道理、論是非，也可越級往上報，陳述情況，尋求上級支援與幫助。

最終實在沒有辦法，就只好逃離是非了。如果喜歡給你小鞋穿的頂頭上司因淵源關係將永遠盤踞你頭上時，你最好的辦法就是逃離是非之地，尋求就業第二春，否則無異於浪費青春及寶貴的就業機會。

揣摩上司心理，並非為了拍馬屁

A小姐曾經在一個挑剔的女老闆手下做事。這個女老闆號稱海歸派，行事方法犀利苛刻。女老闆享受「彈性工作制」，所以基本上十點後才到辦公室。但她會在一週裏隨意挑一天特別早到，如果哪個同事正好那天遲到幾分鐘，她就會大發雷霆。因為女老闆孤身一人，所以下班時間對她沒有概念。A可以做到比老闆早開工，卻不能保證每次比老闆晚離開公司。

不久，公司裏新來了一個精明的女孩B，瞅著女老闆有應酬或有節目早下班的時候隨後就開溜，平常的日子就和女老闆一起吃加班餐，還挑加班的時間和老闆討論工作安排，結果是老闆收拾東西的時候她也恰巧準備回家，或者老闆經過她位子的時候提醒她「別工作得太晚了」。很快，能力不如A的B升為老闆的特別助理，A自然另謀高就了。

我們要你學會揣摩上司心理，並不是為了讓你拍馬屁，而是讓你不至於像A小姐一樣職位不保，讓你能夠把事情做的得體合宜。

兵家說：「知己知彼，百戰不殆」，在職場中也一樣，作為下屬的你對你的老闆瞭解嗎？瞭解他比瞭解你的工作更加重要。他的能力怎麼樣？他有什麼樣的優點和缺點？他喜歡什麼樣的下屬？他的工作經歷是怎樣的？他的工作風格如何？他是用才如神、體恤民情的典範老闆，還是爭功諉過、欺詐百姓的惡毒老闆？他的奮鬥目標是什麼？所有這些都是職場中的你應該瞭解的。

要學會應付各種性情的老闆，確保自己尊嚴不受侵犯，同時能夠贏得他對自己的好印象，這就需要學會一些技巧。首先，你要觀察你的上司，看他有什麼樣的心理。

有些上司整天懷疑自己的員工偷懶不幹活，時常窺視員工的一舉一動。對付這類上司最好的辦法是經常向他彙報，多和他交流，明確告訴他你幹了些什麼、結果如何，以此使他放心；有些老闆精力過剩，熱衷事業，但對員工很苛刻，碰到這種工作狂，最佳對策是甘拜下風，不斷向他請教，使他感到你在他英明領導下努力工作，這樣反而可以得到他的賞識。

有的上司自己的能力不好，老是擔心下屬會超過他，搶了他的位置。這時你就要收斂起自己的鋒芒，做到謙虛和謹慎，這樣自然會博得上司的信任和賞識，以消除上司的戒心。比如在業務會上，對自己的遠見卓識有意打點埋伏，留下空間給上司做總結。當然，在平時要經常向上司請示彙報，不擅自作主，特別是一些決策性的工作，要等上司表態。另外不要老把眼光盯在上司不足的方面，應該去嘗試找上司的閃光點，因為職場比的是綜合素質，而不是專業。

有的老闆非常嚴謹，當他總是批評你、提醒你的過失時，其實也是對你的留意和關心。這時你要聽得進去，在人才濟濟的大公司，能被上司留意不容易，如果你不能用斐然的成績吸引上司的青睞，那就應儘量減少失誤。先要培養自己的耐心，面對上司的批評，你應該有心理上的厚度和韌性，並積極地去解決問題，爭取好印象。當你的上司是一個非常冷靜的人時，他不會大笑大鬧，而是始終保持常態。你和他打交道就應該儘量保持和他相同的風格。對於你的一切工作計畫，不要自作主張，等到計畫決定後，你只管執行就行了。在執行的過程中，應該有詳細的記載，不能有疏忽。事情成功後向他報告，也避免使用誇張的語氣，儘量使用平靜的口氣，以與他的風格保持一致。

當你的老闆是一個權威型的人物時，這時你別自卑，要拿出最慎重和一絲不苟的態度和良好的專業知識，在短時間內精心做好準備。在整個談判的過程中，你要展示你的才華和智慧，使出渾身解數，為老闆贏得主動、贏得利益、贏得所有人的稱讚。工作結束後，如果上司問你：「你在工作上還有什麼理想？」你千萬別直接說：「我想升職。」但可以不失時機地給上司一個暗示：「如果有更多的挑戰，我會有更多的創造。」這樣等待你的肯定是另有重用。

當你的老闆是一個非常豪爽大方的人時，那是一件值得慶幸的事，這時你不用想什麼特別的方法來討好他，只要你能善於運用自己的能力，表現出過人的成績，就絕對不用擔心你沒有發展機會。他自己長於才氣，所以喜歡有才氣的下屬。唯英雄能識英雄，你要是英雄，不怕他不賞識你，你要是英雄，也不用怕他不提拔你。

知道了上司的心理對於你的職業發展非常有好處。瞭解他，就能「管理」他，你能用一些手段贏得上司的青睞，讓上司對你信任有加，言聽計從。當你有好的建議向上司貢獻的時候，不會遇到被上司斷然拒絕的苦惱。你就能夠讓上司做出更有利於你的決策，也會增加上司對你的好感，這對你的職業生涯是非常有利的。

第六章 與同事交往時，應注意心理問題

上班族大部分時間都跟同事在一起，如果不能跟身邊的同事搞好關係，就會有無窮無盡的煩惱和壓力，且不能及時排解。煩惱和壓力日復一日地鬱結於心，對身心健康都極為不利。但同事之間往往存在既合作又競爭的關係，很多時候還會出現利益衝突。因此，處理好與他們的關係，更需要一定的技巧，需要注意以下這些心理因素的作用。

阿Q心理─忽略心機，自我安慰

有這麼一個故事：在越戰中，一個負傷的士兵在手術台上甦醒後，軍醫告訴他：「休息一段時間就會好的，不過有一個不幸的消息，你失去了一條腿。」然而那個士兵卻向軍醫抗議道：「不，我的腿不是失去的，是我自己把它扔掉的。」

看了這個故事，你有沒有感覺到被震動？但是感動和敬佩之餘，你有沒有深入思考一下，他這樣做是不是就是我們所說的阿Q心理？

阿Q是魯迅筆下的一個藝術典型，他的專利便是優勝法，也就是我們通常所說的精神勝利法，阿Q的精神勝利法，一是忘卻，絕不讓煩惱無端地折磨自己；二是自我安慰；三是煩憂轉嫁，按照阿Q的思維邏輯，什麼不利的事情都可以通過主觀思想上的自我轉換，化為大吉大利。

魯迅筆下的阿Q心理是一種貶義詞，但現實中，阿Q心理已慢慢轉化為中性詞，我們的心理健康也與阿Q心理變得息息相關起來：

阿Q心理有利於心理保健，因為阿Q心理可以釀造良好的心理環境，是最廣泛的健身治病的良藥，對防治憂鬱症更是有效，現在，憂鬱症已從一個醫學問題轉化為一個社會學問題，患憂鬱症的人越來越多，多發於「三高」群體，他們高收入、高文化、高職位，對自己期望過高，心理免疫機制臨界值大大超出正常人的水準，利用阿Q心理，可以讓自己平復心境，對病情有很好的控制作用。

阿Q心理有利平撫不平衡心理，打破對比局勢，對比有積極的，有消極的，但更多是消極的，通過對比發現了自己比別人差，從而嫉妒別人，這是對比的消極作用，這種消極對比會蝕浸一個人的心智，通過阿Q心理，即自我安慰法，譬如換個對比的方式，拿自己的現在跟自己的過去比，這就好多了，不會產生嚴重的嫉妒心理，活著也開心許多，知足常樂嘛！

職場中，很多時候我們需要運用阿Q的精神勝利法來自我安慰，避開那些令人煩惱的紛爭。

有一種人，就像上面的士兵那樣，他們就是那麼的神奇，在面對一些不可預測的災難性發生時，他們不灰心喪氣，選擇的是坦然面對。他們釋懷，用另一種樂觀的態度去面對。他們把「失去」當作「拋棄」，讓自己從絕望的深淵中掙脫出來。

其實，「失去」也好，「拋棄」也罷，總之現在沒有了是事實，「失去」的心理痛苦就是被剝奪了所有權，對佔有慾的打擊；而「拋棄」就是自己意志的反映，把它當作不要的東西處理掉，因為是自己知道的，有所準備的，故而不會因此感到可惜了。

在我們的一生中，將會出現很多東西都是不經意間失去的，職場中同樣如此。如果這一切我們都把他當成失去，而不是你拋棄。那麼我們每天只會悶悶不樂，沒有精神，最後只會一蹶不振。可是只要我們把它們都當作是被你「拋棄」的東西，我們的失望就可以減輕許多，我們的痛苦就會減少。儘管這些事情有些阿Q精神，但不失為一種好的心理療傷方法。

在現代職場中，大家普遍具有獨立性強、對自己和他人要求高、追求成功、承受工作和家庭雙重壓力等特點，所以容易出現心理健康問題並伴隨生理症狀，實際上就是他們在追求完美的工作和家庭生活過程中出現的生理、心理以及人際關係方面的不適應狀態。主要原因就是他們苛求完美，對自己要求過分嚴格，長期處於緊張和焦慮狀態。

要知道，你有煩惱是很正常的，任何一個單位都有二〇％員工是優秀的，七〇％員工是稱職的，一〇％員工是需要淘汰的。你身邊永遠會有幾位同事在抱怨、發牢騷、攻擊、詆毀你的工作或名譽。永遠都會有人在玩弄心機和權術，這些都是不可改變的事實，你只能調整自己的心態，接受並積極去面對它。

如果不願意陷入苦惱的辦公室政治，如果不願意費盡心機爭名奪利，那麼就需要做好準備，你很可能會失去某些利益。如果你有良好的心態，自然可以心理健康。但如果心理不太平衡，那麼也許你需要適度的阿Q精神，紓緩自己的情緒，原諒自己的失敗，給自己一個安慰。當然，不要忘了保持積極的思想和態度，欣賞自己的長處。

從眾心理—不是錦上添花的上策

心理學中講「從眾」行為，是說如果一個人容易受暗示、性格依賴、自我意識不強等影響，就很容易做出大多數人都會做出的選擇，而不會考慮自己的具體情況，這樣做出的選擇往往並不符合實際情況，造成以後工作中潛在的問題。

早在一八九五年，以研究大眾心理特徵著稱的法國著名社會心理學家古斯塔夫・勒龐，就出版了他的傳世之作《烏合之眾—大眾心理的研究》。他認為現代生活逐漸以群體的聚合為特徵，個人融入集體後個性便容易湮滅，群體的思想將佔據統治地位。勒龐認為，心理群體是一個由異質成分組成的暫時現象，人們在一起時所產生的想法，與個人的想法大不相同。而尤為可怕的是群體的行為一旦出現偏差，就可能表現為無異議、情緒化和低智商。

雖然時光已經過去一百多年，但我們發現，勒龐等人的理論有著驚人的預見性。人們總是深為「集體思想」所累，給自己帶來很大的從眾壓力，很難堅持自己的觀點。

職場中，人們常常犯這樣的錯誤：當看到身邊人的工作狀態時，常常會不由自主地拿來和自己對比，甚至潛意識地去向比自己好的一些人靠近，卻忽視了對自身工作價值和職業發展的審視。這是一種典型的盲目「從眾效應」。

從某種意義上來講，「從眾效應」引起的是帶有一定盲目性的行為傾向，更多地表現為個人選擇的被動性。很多人，看到大家都那樣做，就很快進行自我否定。看到別人跳槽發展得很好，就不顧自己的專業特長而盲目放棄穩定的工作，去進行毫無基礎也不是自己特長的業務開發，這就是一種盲從。從一定程度上來看，盲從是職場人做出正確職業判斷的極大障礙。只有擺脫從眾效應的束縛，才能冷靜、理性地做出決策。

日本著名指揮家小澤征爾有一次去歐洲參加大賽，在進行前三名的決賽時，評委交給他一張樂譜。在演奏中，小澤征爾突然發現樂曲中出現了不和諧的地方，以為是演奏家演奏錯了，就指揮樂隊停下來重奏一次，結果仍覺得不自然。這時，在場的權威人士都鄭重聲明樂譜沒有問題，而是他的錯覺。面對幾百名國際音樂界的權威，他開始也對自己的判斷產生了動搖。但是，他考慮再三後，還是堅信自己的判斷沒錯，於是大吼一聲：「不，一定是樂譜錯了！」他的喊聲一落，評委們立即向他報以熱烈的掌聲，祝賀他大賽奪魁。原來，這是評委們精心設計的圈套，以試探指揮家們在發現錯誤而權威人士又不承認的情況下是否能堅信自己的判斷。

小澤征爾的這個故事告訴我們：如果在工作中盲目從眾，我們可能會因此而失去很多正確判斷的機會，甚至喪失追求和自我。能否減少盲從行為，運用自己的常識和經驗進行理性的判斷，並堅持自己的判斷，是成功與失敗的分水嶺。

這就要求職場人在工作中注意以下兩點：一是凡事要有主見，切忌人云亦云隨大流。尤其是在面對職業選擇方面，一定要根據自身的專業特長、愛好等實際情況，選擇適合自己發展的就業之路，避免出現職業尷尬。二是要學會正確「從眾」。並非所有的從眾心理都會起負面作用的，所謂有選擇地從眾應該是「從善如流」、「見賢思齊」，比如當你身邊大多數人都在努力工作的時候，你就應該「從眾」；當身邊有人去做一件非常有社會意義的事情時，你也可以「從眾」。這就是說，在「從眾」之前，必須先擦亮你的眼睛，才能避免「一失足成千古恨」。

你應該以自己的方式生活，切忌盲目從眾，在做一件事情之前要緊密結合自身各方面的條件，以及職業興趣和專長好好考慮。如果總是從眾，就難以從眾人中脫穎而出。

酸葡萄心理─好人緣的最大「絆腳石」

伊索寓言中，狐狸饑餓，看到葡萄架上掛著一串串葡萄，想摘又摘不到，臨走時自言自語地說：「葡萄是酸的」。

這則寓言在世界上廣為流傳，而心理學中也就有了「酸葡萄心理」這個術語，用來解釋合理化的自我安慰，它是人類心理防衛功能的一種。

生活中，我們不乏那隻狐狸的境遇與心態，當受到挫折時，就找理由醜化得不到的東西。比如某學生沒有考上自己夢寐以求的名牌大學，而考取了一所一般大學，就在心裏說，沒考上名牌大學也好，那裏競爭激烈，說不定學習要拚命才能跟上，而在一般大學學習，說不定我輕輕鬆鬆地讀書就可名列前茅。又如一名幹部在競爭部門經理一職中落選了，心裏有失落感，悶悶不樂，後來忽然一想：職務越高，職責越重，當個平民百姓可以逍遙自在，還可以有更多的時間鑽研業務。這一來，他情緒很快恢復常態，不再煩惱。

「酸葡萄心理」是因為自己真正的需求無法得到滿足產生挫折感時，為了解除內心不安，編造一些理由自我安慰，以消除緊張，減輕壓力，使自己從不滿、不安等消極心理狀態中解脫出來，保護自己免受傷害。

「百年人生，逆境十之八九」。心理防衛功能的確能夠幫助我們更好地適應生活、適應社會，然而沉溺其間對心理生活卻有顯著的副作用。比如在工作中，你僅僅用這種心理防衛功能來保護自己也就罷了，如果像狐狸一樣說出來，那麼酸葡萄心理就成為好人緣的絆腳石。

曾經有個人有一次在閒聊的時候，非常坦誠地向她朋友說起自己公司裏的一位非常有作為的後起之秀：

「坦白一點說，我很嫉妒她，甚至心裏也有過比較陰暗的想法。不過我相信如果你看到一個比你年紀小、經驗少的人，卻處處比你做得好，做得精彩，處處高過自己的話，你也會為自己感到不平衡的。這種不平衡積累下來，就成了憤怒和怨恨，讓我不能安心於自己的工作。我慢慢地對自己產生了同情心理，老是感覺自己很悲慘，而看到大家跟她都相處得那麼好，我又開始莫名其妙地恨起公司所有的同事來。我漸漸就變了，開始用一種尖酸刻薄的態度對大家，總是冷言冷語，無事生非。而這樣做的結果就是讓公司所有人都開始討厭我。那一段時間我真是鬱悶的要死，差點辭了職。這種狀況把我壓抑得要發瘋。」

「那段時間的痛苦，工作的壓力再加上嫉妒的煎熬，讓我整個人都憔悴了。後來，我試著擺正自己的心態，我試著去稱讚她，試著用平和的心態來對待周圍的一切，到最後我真的是發自內心地覺得她確實優秀。而我自己也得到了越來越多的稱讚，在和她接觸的過程中，我努力發現自己跟她的差距所在，慢慢地，我們相互欣賞，後來還成了非常要好的朋友。」

同上面這位女士的一樣，職場中的酸葡萄心理幾乎都是在嫉妒心理的基礎上產生的，而嫉妒本身就是一種不好的情緒。但話又說回來，其實每個負面情緒其實都是給人一份推動力，推動當事人去做出行動。這種推動力或者是指出了一個方向，也可能是給予了一份力量，有的幾乎是兩者兼備。

問題往往不在情緒本身，而是看你是如何去拓展你情緒上的選擇空間，也就是情緒運用的能力。如果你感到你在情緒上沒有選擇的餘地，那麼，負面情緒似乎往往要佔上風，它將主宰並控制你的思想及行為。當你有了情緒上的運用能力時，你就能對這些情緒產生新的想法並賦予它們新的價值。

態度就像磁鐵，不論我們的思想是正面抑或是負面的，我們都受到它的牽引。而思想就像輪子一般，使我們朝一個特定的方向前進。雖然我們無法選擇發生的事情，但我們可以選擇我們的情緒狀態；**雖然我們無法調整環境來完全適應自己的生活，但可以調整情緒來適應一切的環境；畢竟，你的生活並非全數由生命所發生的事所決定，而是由你自己面對生命的態度，和你的心靈看待事情的態度來決定。**

工作中，難免有心理不平衡甚至眼紅的時候，但這時候不要讓情緒控制理智。要學會喝采，他人有了成績，要真心為他高興，為他叫好，體現出自己的胸襟氣度。人各有長，誰都有自己的優點，千萬不能眼紅嫉妒，挖苦諷刺，甚至惡意誹謗，無中生有。否則，失去的將不僅僅是好人緣。

拉幫心理—依賴與埋怨就此落根

有人說，職場就如同每天乘坐公車，只有擠上了車才有可能找到舒服的位子，每天身在職場錯綜複雜的關係網中，能不能抓住機會讓上司注意到你、讓同事認可你，有時也是靠那一點堅持、一點痛苦、甚至一點厚臉皮。於是，在大家剛得知新主管即將上任的時候，辦公室裏就已經鬧翻了天。那些老資格們開始到處拉攏關係，每天一包巧克力分給同事，每天一起找人吃飯，每次都故意讚美幾句，儘管假惺惺，但是對很多人來說卻很受用。大部分人都在為自己爭取更多的聯盟，對於完全陌生的「空降」主管，大家都在準備自己的備戰策略。

在辦公室裏拉幫結派不是新鮮事，兩個山頭意見不合鬧糾紛，也是辦公室政治的常見現象。因此你很容易把另一團體成員看作自己的絆腳石。職業心理學家說，公司裏小團體最初形成時，很少用利益劃分敵友，這種特徵在女性中尤其多見，女人會因興趣相投、愛好一致產生共鳴走到一起，並認同小團體的立場，從而對另一團體產生敵意。

如果你也參與了這樣的小團體，就要知道，商場如戰場，沒有永遠的夥伴，只有永遠的利益，你熱血沸騰的哥兒們義氣可能成為日後的把柄。參與小團體並與另一小團體為敵，本身就是辦公室大忌。三十年河東，三十年河西，誰知道另一個團體的假想敵會不會成為日後幫你跳槽的貴人？原惠普公司ＣＥＯ卡莉·費奧瑞娜說：「聰明的職場女性不屑於拉幫結派。」

所以，建議你在團體中保持中立，儘量少發表過激言論，以免造成不必要的麻煩。這樣另一個團體成員很快會發現，你並非真心與他為敵，只不過人在江湖，身不由己。由於你並未明確倒戈，本集團成員也不會與你反目成仇。在這場團體戰中，能笑到最後的，往往是態度中立的人。

小江剛剛踏進一家報社的門，就敏銳地覺察到人事上的刀光劍影，各個部門內都分別以地域、學校等淵源劃為幾個派別，工作中處處磕磕絆絆，甲說東，乙偏要說西，並不是為了原則，而是為了立場，即純粹是為了反對而反對！老總為了維持運轉，只好玩平衡。該君只求將本質工作做好，拒絕加入任何一方，成為雙方都不歡迎的人。他跟老總談了一次，老總雖然也感到頭疼，但由於體制的原因無能為力。報社也在這樣無聊的內耗中一天天衰敗下去，他覺得不順心，沒辦法，離開了這家報社。後來，他加入了一家公司後發現，這裏面幾乎就沒有那種現象，老闆根本就不會遷就任何搞宗派主義的現象。任何事情都是對事不對人，公司業務發展得蒸蒸日上，如火如荼。

要知道，拉幫心理興風作浪，只會使人際關係複雜化，降低工作效率，很容易拿原則做交易，以小利益犧牲大利益，甚至發展到山頭主義、獨立王國。作為公司老闆，對這種情形極其反感和警惕，對於任何拉幫結派的苗頭和企圖，老闆都會毫不手軟地打壓和扼殺。

我們可以表達不同的意見，但沒有必要聯合起來特別針對任何一個人。一旦具有拉幫心理，形成一個個小圈子，那麼當圈子形成時，所能做的最多就是維護圈子裏的利益。而這種維護，往往又以犧牲圈子外的利益為前提。任何美好的願望或者善良的出發點，都會因為圈子的形成而慢慢變質。但是很多人，特別是那些對自己能力不自信的人，不管到哪裡，老是喜歡拉關係，找後台，抱大腿，拉幫結派。也許他短時間內可以如願以償，但這樣的關係不可能長久。

辦公室中，在複雜的幫派爭鬥面前，還是糊塗一些的好。如果你有能力讓幫派之爭的雙方消除分歧，那是再好不過的了，否則，就要學習一下明哲保身的藝術。切記：千萬不要過早表明立場，如果能保持中立就很好。當然，在原則問題上不能含糊，對於涉及切身利益的問題也不要退縮，要用自己的行動捍衛自身的權益。總之，調動你的全部能量，盡可能地在幫派爭鬥中做個旁觀者。因為，有時難得糊塗就是最好的為人處世。注意以下幾條原則，可以幫你避免陷入小團體的泥淖之中：

避免閒聊。工作中的閒聊，不但會影響自己的工作進度，還會影響身邊同事的情緒。此外，最好請朋友不要往辦公室打電話。

保持中立。同事之間說是非，不可不信，也不可全信。不必聲明你的立場和見解，盲目發表意見，說不定會站錯立場。

不過問他人隱私。每個人都有自己不希望別人知道的隱私，即使是最好的朋友，也有不該知道的私事，何況同事之間呢？所以不要輕易打聽別人的生活狀況，除非對方主動說起。

積極參加活動。公司組織的活動要積極參加，這些活動能增加同事之間的相互瞭解，不要讓自己顯得不合群。

渴望被尊重的心理—最基本的相互心理需要

心理學家馬斯洛一生中最著名的論述是需要層次論。在他看來，人的需求體系分為兩類：即基本需要和心理需要。生理需要是最基本的，再向上依次是安全、愛與歸屬、被尊重和自我實現的需要，這些都屬於高層次的心理需要。

我們為食衣住行操心，只是因為這些基本的生理需要決定著我們生命的延續。但是生活這並不僅僅是為了滿足這些基本的需要，我們還需要被尊重、被認同，希望人格與自身價值被承認。這就是馬斯洛理論的精髓。

人人都希望自己有穩定的社會地位，要求個人的能力和成就得到社會的承認。馬斯洛認為，尊重需要得到滿足，能使人對自己充滿信心，對社會滿腔熱情，體驗到自己活著的用處和價值。每個人都希望有地位、有威信，受到別人的尊重、信賴和高度評價。

既然每個人都有被尊重的需要，那麼推己及人，想要得到別人的尊重，就必須先尊重別人。尤其是作為職場中人，一天中除了家人，相處時間長的就數同事了。同事之間互相尊重，創造融洽的工作氣氛，自然有利於工作。反之，彼此之間就容易形成隔閡，不但得不到對方的支持和幫助，還會降低團隊的戰鬥力。所以，不尊重同事的員工，在公司裏往往是孤家寡人，沒有人願意跟他交往，而一個失去人脈基礎的人，上司是不會讓他擔當重任的。

俗話說得好，尊重別人就是尊重自己。意思是說，只要你主動去尊重別人，就會獲得別人的尊重。在職場中，自傲自大、誰也不放在眼裏的員工，畢竟是極少數。這類人，說到底是太自戀了，太把自己當回事了。殊不知，職場中競爭激烈，能跟你站在一起的，都不會比你差多少，即使你確實出類拔萃，但終究會有不及他人之處。

有的員工，不能說他不尊重人，他只是在選擇物件的時候，戴著有色眼鏡，正所謂的勢利眼。那些對他的加薪和晉升起決定作用的人，比如說他的上司、公司董事，他無比地尊重；對待身邊的同事，他先是分出三六九等來，比他優秀的，他會尊重，因為這些人有可能晉升成為他的上司，況且，他還想跟這些人學招；跟他同一水準的，他則愛理不理；比他差的，也就是他眼裏所謂的小人物，他就不屑一顧了。

其實，越是公司裏的小人物，越在乎別人對自己的態度。你不尊重他，他不但不尊重你，還會傳播你的壞話。俗話說，好事不出門，壞事傳千里。你僅僅是不尊重一個你認為無足輕重的同事，結果變成對所有的人都不尊重，你的聲譽自然會受到貶損。

有的員工並沒有戴有色眼鏡看待同事，只是覺得同事與自己處於相同的地位，沒有必要把尊重表現出來，只要不歧視同事，或者不惡意對待同事就足夠了。刻意去尊重同事，反而有一種難為情的感覺。其實，尊重同事是一種工作態度，是職場必備的素質。所以，尊重同事不僅要放在心裏，還要落實到行動上。具體該怎麼做呢？

同事見面主動問候。在同一個單位裏共事，彼此熟悉了，見面也免不了互相問候。試想一下，別人主動問候你時，你是一種什麼感覺？當然是一種受尊重的感覺，心裏也很高興。所以，同事見面時要主動問候對方，而不是等著對方向你問候了才做出回應。

熱情地對待同事。你以一副冷漠的神情對待同事，即使你沒有不尊重對方的意思，卻會使對方容易聯想到你瞧不起他，特別是在同事有困難請求你幫助時，你板著一副冷漠的面孔，顯出一副事不關己、不感興趣的樣子，一定會傷了對方的心。反之，你熱情對待同事，對方就會產生一種受尊重的感覺。即使你對同事的請求無能為力，同事心裏也會感到溫暖的。

對同事寬容。你的同事不小心做了對不起你的事，他向你道歉，你就應該原諒對方。即使同事給你造成了傷害，你也要寬容對方。這樣，同事就會覺得你尊重他，並從心裏感激你。

關心同事。無論你的同事取得了成績，還是遭遇了失敗，你都應該及時表示關心。這樣會讓他覺得他在你心中有一定的地位。所以，你要向取得成績的同事表示真誠的祝賀，向遭遇失敗的同事表示安慰和鼓勵，而不是無動於衷，坐視不管。尤其不要對遭遇失敗的同事進行冷嘲熱諷，貶低對方的工作能力。這樣做的後果只能使你化友為敵，並讓眾人對你敬而遠之。

爭功心理—桂冠並不總是你的

期望得到贊許和尊重，期望自己成為最閃亮的星星，這種心理已經根深蒂固地存在於人的本性中，它就像一種充滿野性的激勵，沒有這種精神刺激，人類進步就完全不可能。但也正因為這是一種非理智的激情，一旦膨脹起來，表現為強烈的爭功心理，就會對自己估計過高，甚至將別人或集體的成果佔為己有。生怕別人忘記自己的能力，便到處大肆宣揚自己做過的幾件較成功的事情和取得的較大成就，成為個人和團體生存的阻力。

也許有時候，你認為有些功勞必須要去爭取，如果將它拱手讓人，以後可能就沒有機會再得到它了，可是你要知道，當你與別人爭功時，你也就成了別人的眼中釘、肉中刺。到那時候，結果可能就不是你想的那樣了。

小楊應聘到某家公司做企劃。他雖初來乍到，但因企劃經驗豐富，很受總經理賞識，所以薪水給得較高，這讓企劃部主管老許心有不甘。工作中，老許總是有意刁難小楊，並將本該自己做的工作丟給他：「小楊，這個企劃案你先做一下。」因此，小楊案頭的工作總是部門裏最多的。對小楊做好的企劃案，老許稍做修改後便交到總經理那裏，並單署自己的名字。

由小楊代做的好幾個企劃，都受到了總經理的好評。看著老許得意的樣子，不少以前妒忌小楊薪水過高的同事，也開始為他打抱不平了：「你也太老實了，他明擺著是在搶你的功勞！」小楊只是笑笑的說：「也許他是在考驗我呢？這也是一種鍛鍊嘛。」幾個月下來，小楊的低調作風反而為他贏得了好人緣。

不久，老許正在斟酌小楊的企劃案，總經理到企劃部視察工作，老許便說：「他做的企劃有些地方不行，我幫他看看。」總經理翻看了一下，說：「我覺得很不錯，要不你交一份更好的給我？」說完一臉嚴肅地走開了。

隨後，小楊就取代老許升任了企劃部主管，總經理告訴他：「你的企劃風格我很瞭解。我早就看出老許的不少企劃案是你原創的，但你低調處世的態度，我很欣賞。」

事事斤斤計較、患得患失，事事強出頭，只會讓自己活得更累。所以，在你獲得成功之前，最好停止與別人爭功，否則你會取得相反的結果。不要和別人爭功，如果你足夠明智，何不以巧妙的手段，將功勞讓給別人。如果你真的有能力去完成一件事，那麼，你的機會還很多。如果你能克服自己不肯讓功的情緒，將功勞讓給別人，將於你無害而有利，你只要抓緊下次的機會再次立功即可。

在競爭激烈的工作環境中，有人喜歡把別人的功勞佔為己有。這種投機取巧、損人不利己的事情基本上沒什麼市場。

同一家公司的兩個同事，平時關係還不錯，一次在餐廳共進午餐時，聊天中其中一位說出了一個自己正在思考中的創意，因為還不敢確認這個創意的可行性，便沒有向上司貿然彙報。聽他說完這個想法後，另一位悄悄背著他搶先跟上司彙報了這個創意，得到了上司的高度賞識。委屈的他便向周圍的同事訴說了這件事，結果，那位投機取巧搶人功勞的人在同事的心目中成為一個可怕的人，不再跟他有工作上的合作，都怕被他涮了。

人們為什麼要爭功？因為功與利相連，因為想要得到獎賞。過去加薪水財力不濟，只給百分之四十的人加，哪些人夠格呢？大家評議。誰也不願輕易放過這個機會，於是爭得不可開交，為自己評功擺好絲毫不含蓄。其實爭上的人未必比落選的人好到哪裏去，甚至還差些。

邀功不如立功。職場上的人應立足於做自己的事，否則是不利的，尤其不利於本人長遠的職業生涯的發展。一件事情你沒有出力，就千萬不要去忙著插上一腳。如果成功了，相信你也不會心安的，要是遇到個針鋒相對的主兒，這年頭你可找不到地縫鑽。要知道，不誇功，自然功不可沒；不居功自傲，才能功德圓滿。

渴望「鶴立雞群」的心理—小心「鶴離雞群」

一位農夫逮了一隻鶴，無處飼養，便把牠關在雞棚裏。鶴在雞群裏顯得那麼挺拔、高貴。然而，不到一天工夫，鶴就有點蔫了。幾天以後，牠竟死在了雞棚裏。原來，雞飼料鶴吃不下；飲水槽裏的水牠喝不下；滿眼都是異類，滿鼻子都是異味；想飛飛不起來，想逃逃不了。農夫關心的只是他的雞，哪管鶴的死活，於是鶴死了。

再優秀的人才，如果不能適應身處的環境，也會短命而死。鶴屹立於雞群，難免遭到雞的嫉妒和排擠，牠自身也不能融入這個圈子之中，高處不勝寒的感覺並不好受。

萱是個精明能幹的女子，年紀輕輕便受到老闆的重用，每次開會，老闆都會問問萱，對這個問題怎麼看？萱的風頭如此之勁，公司裏資格比她老、職級比她高的員工多多少少有些看不下去。

萱觀念前衛，雖然結婚幾年了，但打定主意不要生孩子。這本來只是件私事，但卻有好事者到老闆那裏吹風，說萱官慾太強，為了往上爬，連孩子都不生了。這個說法一時間傳遍了整個公司，萱在一夜之間變成了「當官狂」。此後，萱發覺，同事看她的眼神都怪怪的，和她說話也儘量「短平快」，一道無形的屏障隔在了她和同事之間。萱很委屈，她並不是大家所想的那麼功利呀，為什麼大家看她都那麼不屑？

在職場中鋒芒太露，又不注意平衡周圍人的心態，有這樣的結果並不奇怪。萱並非是目中無人，只是做人做事一味高調，不善於適時隱藏自己的鋒芒。只要萱能真誠地對待同事，日子久了，他們自然會明白，這就是她的真性情。但渴望鶴立雞群的你們，要小心不要讓自己陷入被孤立的境地。

事實上，每個感到被孤立的人都可以想一想，為什麼被孤立的是自己，而不是別人呢？除了遇上一些天生善妒的小人，大部分時候，自身的一些缺點都是導致被孤立的主要因素。在公司裏，飛揚跋扈的人、搬弄是非的人、打小報告的人、愛出風頭的人，往往都是被孤立的對象。假如你被孤立了，趕快檢查一下，自己是不是這類人？

也或者，你要求自己是英雄，也嚴格要求別人達到你的水準。結果，別人被拖得精疲力竭，紛紛跳船求生離職率節節高升，留下來的人則更累。

做有個性的自己可以，但是面對職場，不是你一個人在作戰，需要整個團隊的合作，不能融入到圈子中去，被孤立的結果就是讓你的一切一籌莫展。所以給同事好臉色，關心一下上司並不是要改變你自己的個性，而是給自己事業發展的機會。

職場是一個團隊，團隊的每一個人需要合作，今天我頂你一下，明日你拉我一把，來日相互推頂拉。一個人的能力再強，脫離了集體，缺乏了與團隊的合作，也不可能成就事業。因此，進入職場中就要樹立團隊意識，加強與人合作溝通的能力，同事的認可是事業成功的基礎。不要因為任何原因引起公憤，遭到集體的孤立。無論你是領導者，還是普通員工，每個職業人都要避免自己遭遇「公憤型的反感」，這種孤立是災難性的。

也許不甘沉淪的你不止一次地羨慕盡顯輝煌的高處。的確，高處讓人怦然心動，使人激情澎湃。人生的理想就是能在巔峰閃光，希望自己出類拔萃鶴立雞群。可是不擇手段地走到高處，則高處自有其煩惱。該怎麼做呢？謙卑可以幫助你最後達到出類拔萃的目的。

為什麼要講謙卑呢？**精神分析學家阿德勒認為，人不管在什麼狀態下，內心深處都是自卑的。人對成功的追求其實就是希望通過成功來不斷消除內心的自卑感。**但在這個過程中有些人因為不斷地失敗而變得極度自卑，最後患上自卑情結；也有人走向另一極端，通過對成功不擇手段地追求而變得極度自信，但這種被稱為優越情結的狀態其實只是對內心自卑的掩飾。極度自卑自然不妥，但適度的自卑卻能夠給人帶來行動的勇氣和動力。

所謂謙卑地出類拔萃，講的是在對目標的追求中要竭盡所能地達到出類拔萃的地步，但同時在自我心態、人際關係、社會興趣這些人性的領域應該保持一顆謙卑的心。

那些在人性上冷漠傲慢的成功者很容易遭受人們的冷眼及突然的失敗，而那些在人性上表現出謙卑和愛心的成功者則得到人們加倍的尊敬和愛戴，並因此獲得持續不斷的成功。

冷漠心理—並非事不關己

心理學上，冷漠是指對他人冷淡漠然的消極心態。冷漠主要表現為對人懷有戒心甚至敵對情緒，既不與他人交流思想感情，又對他人的不幸冷眼旁觀、無動於衷、毫無同情心。冷漠通常因受人欺騙、暗算等心靈創傷或因種種原因受人漠視、輕視甚至歧視所致。正是由於這些原因，使其在人際交往中帶上灰色眼睛看待人生，逐漸失去了應有的熱情和同情心。

我們常常可以聽到新人抱怨，說職場中人個個冷漠無情，你有難，他袖手旁觀已算好的；更有甚者，落井下石。除此之外，新人的熱情還常常遭遇不冷不熱的閉門羹—為什麼呢？

已修煉成精級的職場人士則說：首先，人在職場身不由己，利益之下，憑什麼要求人人都予你方便，攜手並進？再者，冰冷無情有時並非不好，在某種狀態下，它也是專業敬業的代名詞。於是，就出現了現在這種狀態。

小雪的工作原則是「自掃家人門前雪，莫管他人瓦上霜」，她看不上那種自來熟式的熱絡。做事要有分寸，相處要有距離，不是你分內的事別跟著瞎攙和。再說，從概率學的角度講，做的事情越多，出錯率就越高，多一事不如少一事。

在此理論的指導下，小雪每天只是忙活著她那文書秘書的一畝三分地。對於公司工作指導書列明的職責，小雪中規中矩，該做的工作從無絲毫懈怠，很得上司賞識。至於其他事情，縱是舉手之勞，她也絕不插手。「拿一分錢出一分力，我若做了，還要別人幹什麼呢？工作如裙子，減一分太短，增一分太長矣。」若遇同事不在，有人前來辦事，不論公司內外，小雪一視同仁，一概「踢皮球」。有一次，同事的一位客戶來訪，恰巧同事不在，小雪又冷漠地打發了人家，結果那位其貌不揚的客戶竟然是家公司的大老闆。他找到了總經理，無論老總怎樣賠罪，他堅決終止了與公司的合作。理由是：公司的管理太差，員工沒有起碼的服務態度。一筆大買賣就這麼飛了，老闆念在小雪平日表現不錯，留下察看，扣發三個月獎金。

將心比心，如果你出去辦事，遇到小雪這樣不理不睬的人，會有何感受呢？心情不快樂不說，恐怕這輩子都不想踏入這家公司的大門。你總是冷漠地對待別人，如果別人也這樣對你，你心裏會作何感受？

事實上，職場上的這種冷漠心理很容易理解。冷漠的人，或許曾經也經歷過被冷漠的階段。動盪的職場風向球，把職場上班族們分割成客氣而冷漠的個體。職場是另一種不講義氣的江湖，大家都覺得並不是付出幫助就會得到感恩，大家都害怕自己在幫助別人的時候，我們提供自己的肩膀，碰到深藏不露的人，卻會踩著攀上去。

於是，大家就成為這樣一群人，只要跟自己無關的事情，總是懶得聽、懶得問，認為職場少說話多做事才是制勝之道。那麼，事實到底是怎樣的呢？下面我們來分析一下職場中冷漠的原因和類型：

利益─用你有的，換你沒有的，這世界很公平；你不過出賣勞動力來換取你所需要的，別人也一樣；沒有人有義務非要為你附加笑容和友誼。心態平和，才能愉快。更何況，和一個陌生的人產生利益矛盾，解決起來總比朋友要讓你覺得便利；但是，我們還是希望能夠擁有愉快的工作環境，這是人的本能，那就要自己先做出典範哦。不要把對別人的好，也看作一種投資，以期獲得某種利益。

身分─雖說人人平等，然而，實際生活裏這幾乎是不可能的；能力強、地位高者，自然倍受尊崇；小人物被漠視也屬正常，世態炎涼嘛。

個性—此之甘醴，彼之砒霜。你喜歡熱鬧，別人或者喜歡冷清，不可強求；只要禮貌相待即可。道不同，不想為謀，所以，冷漠也屬正常。忌諱的是強人所難，把自己的相處方式強加於別人。

專業化—對於有些公司來說，冷靜冷漠才會顯得專業；如果監管部門如果和客服人員一樣總是和大家打成一片，和每個同事都熱情非凡，你還會信任他的公平公正嗎？所以，必要的察言觀色是需要的；否則過度熱情一定遭遇滑鐵盧。

自我保護—一般來說，有些人總是容易把私交和工作關係混為一談；而職場高手則會分得很清楚，多年的職場風雨，讓他們懂得，有時候，冷漠才是一種最好的保護。

若非必要，我們都不該冷漠，不要親手把自己身處的環境打造成冰窟。事實上，冷漠的人，大都不一定有一顆冷漠的心，冷漠的態度，其實很多時候是一種內心擔憂驅使而形成。冷漠的氛圍並不是人所決定的，只是整個環境所造成的。所以，如果你現在待人冷漠，要相信那不是你的本性，或許你只是想保護自己。但是態度冷漠，事不關心，往往會導致與別人溝通機會大大降低，從而限制了職場人際交往的範圍。

老好人心理——距離才能產生美

小徐離職之後，打電話回原來的公司向老同事問好，不料同事的一句客套話就把他的好心情攪沒了，同事在電話那頭訴苦：「天氣好熱呀，你走了，都沒人給我們買飲料了。」

他現在想想真後悔，要是當初剛進公司時，不依著那幫懶人，後來就不會有那麼多的麻煩，落了個不得不離職的下場。事情是這樣的：剛進公司，他總是小心謹慎，每逢休假日值班，只要誰開口，他都答應，為此不知浪費多少個休假日，久而久之都變成值班專業戶了；平時上班，他總是早早就到了，打掃辦公室，只要誰說一句「沒吃早餐好餓呀，有什麼東西可填肚子？」他就趕緊拿出自己買的牛奶麥片，送到他們手上；炎炎夏日，他還經常買些冰鎮飲料帶給大家喝。他成了大家公認的大好人。

但隨著工作的漸漸增多，他沒有再像以前一樣，幫他們跑腿，抱怨也就接二連三，有著還當著他的面尋開心：「擺什麼架子嘛？來來來，幫我把這份資料送到各個部門去。」「嗨，去倉庫幫忙領一包影印紙過來，我們等著用呢！」礙於情面，他還是做了。

拒絕同事的不合理要求，還能以一句：那不是我份內事推脫，但如果是頂頭上司要他幫忙辦私事，那就更難處理了。有次他的主管差他去車站幫他接一個親戚，結果剛出公司大門就被出差回來的經理撞了個正著，經理問他去哪，為了不得罪主管，他就說出去辦事。後來經理不知從哪裏知道了事情真相，把他叫去訓了一頓，說他身為人事部職員，都不能做到誠信二字，又怎能管理他人呢！給經理留下個此等印象，還在公司待下去只會自討沒趣，於是他只好遞交了辭職申請，他又背著「好人」二字摔了一跤。

或許，職場中的許多人也有類似苦衷：不分場合示人微笑，人家覺得你沒個性；對同事有求必應，必然有某次因為能力或其他原因你「應」不了，人家便覺得你不夠意思，從而疏遠你；你心無城府地多次借錢給同事，他很快心安理得習以為常，你倒是被逼入兩難的境地—討，怕傷感情，不討，白遭損失；辦公室裏只有你不時地操練掃把和拖把，久而久之，大家把你當成兼職的清潔工，坦然享受你帶來的整潔乾淨，心裏卻絲毫不記你的好。久而久之，就變成了大家呼來喚去的「雜工」。所以，想做職場好人的話，還是要謹慎為之。

小張是一名已經工作了兩年的職場人士，他這樣講述他的經歷：

「剛去公司的時候，我幹勁很大。但是因為自己是初次接觸這樣的工作，還不能完全熟悉，所以要經常向一些同事請教，而他們也總是很熱情地幫助我。為了表達自己的感激，更快地融入到新的環境中去，只要是我力所能及的事情，我都是很主動地去為他們做。但我沒有想到的是，時間久了，同事們都把差遣我當成理所當然的事。複印啊，發傳真啊，接電話啊，亂七八糟的雜事都堆到我頭上了，而且始終沒有人注意到我的心情以及我工作量的增加。這些小事都還罷了，年輕人嘛，辛苦一點其實也無所謂。最讓我受不了的是有同事看我好說話，而且有是新來的，就存心陷害我。這些都讓我清楚地意識到，無論在哪裏對別人的「求」一定不要都「必應」。即使是答應別人，也一定要先看清情況，堅決避免替人背黑鍋。如果你有一位即將出差的同事，把自己還沒有完成的工作移交給你負責的話，千萬不要因為他是上司，或者跟你交情好就問都沒有問的答應下來，萬一發現了有什麼錯漏和問題，你到時候說都說不清，只能啞巴吃黃連，百口莫辯。」

每天和你在一起時間最長的人是誰？不是你的親人，也不是你的朋友，是你的同事。他和你在辦公室面對面、肩並肩，同工作、同吃喝、同娛樂。但當我們有了私人空間的概念之後，我們同樣不能忽視合理的社交空間和公共空間，辦公室裏的距離如何把握，並不是那麼簡單的事。

當然，和同事搞好關係是應該的，但這要看你和同事之間的好關係是靠什麼來維持的，他們對你的好感是如何形成的？如果只是因為你是一個很好使喚的同事，能夠為他們減輕很多負擔，甚至成了他們犯錯時的犧牲品，顯然，這樣的好關係不值得慶幸。尤其作為初涉職場的新人，要記住同事不等於朋友，不能公私不分。學會分清人，權衡事情的輕重利弊，和同事保持適當的距離，會使你看起來更美。

調整心態與討厭的人共事

同事之間最容易形成利益關係，如果對一些小事不能正確對待，就容易形成溝壑。再加上性格等原因，所以你難免會有一些討厭的同事。但是，職場的道路不可能一帆風順，有起有落，有時你想避開你所討厭的人卻怎麼也避不開，你甚至還要主動找上門，找討厭的人幫忙處理事情。同樣，你討厭的同也會事因為公事來直接找你，你們還是要因為公事相互合作的。

對很多人來說，在與你討厭的人合作過程中，心裏難免會有些小疙瘩，可能會處處針對對方，出現意見分歧的機率相對於和自己合得來的人要高，往往會讓關係進一步惡化。那麼，如何才能化解職場中的討厭情緒，以最佳狀態進行工作？

解決的方法有很多種，其中最主要的還是自我檢討儘量客觀地看待問題。在看到別人身上的缺點時，同時也要檢查自身是否存在問題，不要以為得獎錯誤怪罪於別人；適當地也可作自我反省，從自己身上下手，找出問題的出處，加以糾正，避免今後犯同樣的錯誤；嘗試著換位思考，站在對方的角度、立場看待問題，試著問自己如果是我是否也會這樣做，儘量發現對方的優點；或是可以找共同的話題，逐漸拉進彼此的距離，往後加強溝通，進而慢慢消除討厭的情緒，從而擁有健康的心理狀態。

其實，凡是經常為人際關係所困擾的人，無非兩個原因：一是性格內向，為人不夠開朗樂觀，自我保護意識強，自尊心膨脹，危機感過重，待人遇事總不往好處想，時刻處於防範狀態，自己的強項不愛與人分享，自己的弱項往往會通過時間和事件逐漸形成心理障礙。第二點就是心胸不夠寬廣，為人過於直率。內心、臉上容不下的人和事太多，久而久之討厭的人越來越多，直至影響到自己的正常生活。

解決的方法有兩個：一是調整心態，從自身的角度找原因，俗話說：「大人額前能跑馬，宰相肚裡能撐船」，一個人有多大的胸懷就會有多大的成就，這話一點也不假，如果你能把天下人都當成自己的親人和朋友，那麼你肯定是朋友遍天下，怎麼會有討厭的同事困擾你？第二點就是懂得逆向思維，針對不同的情況調整不同的思維方式。即便是一個很不受你乃至大家歡迎的人身上，也有很多值得你學習和借鑑的地方，古人云：「三人行，必有我師焉」，如果我們用一雙欣賞的眼睛去看任何人，那麼你的身邊便都是一些可愛的人，你的工作和生活中也就充滿了陽光和彩霞。

記住一點：你的眼睛就是一面鏡子，你看的東西越為你所不容，這恰恰反映的就是你自己的心態啊。有誰希望自己的天空會烏雲密佈呢？所以，如果不想與討厭的同事共事，最好的辦法就是日常交往中，我們多加注意建立融洽的同事關係：

以大局為重，多補台少拆台。對於同事的缺點如果平日裏不當面指出，一與外單位人員接觸時，就很容易對同事品頭論足、挑毛病，甚至惡意攻擊，影響同事的外在形象，長久下去，對自身形象也不利。同事之間由於工作關係而走在一起，就要有集體意識，以大局為重，形成利益共同體。特別是在與外單位人員接觸時，要形成團隊形象的觀念，多補台少拆台，不要為自身小利而害集體大利，最好家醜不外揚。

對待分歧，要求大同存小異。同事之間由於經歷、立場等方面的差異，對同一個問題，往往會產生不同的看法，引起一些爭論，一不小心就容易傷和氣。因此與同事有意見分歧時，一是不要過分爭論。客觀上，人接受新觀點需要一個過程，主觀上往往還伴有好面子、好爭強奪勝心理，彼此之間誰也難服誰，此時如果過分爭論，就容易激化矛盾而影響團結；二是不要一味以和為貴。即使涉及到原則問題也不堅持、不爭論，而是隨波逐流，刻意掩蓋矛盾。面對問題，特別是在發生分歧時要努力尋找共同點，爭取求大同存小異。實在不能一致時，不妨冷處理，表明我不能接受你們的觀點，我保留我的意見，讓爭論淡化，又不失自己的立場。

在發生矛盾時，要寬容忍讓，學會道歉。同事之間經常會出現一些碰撞，如果不及時妥善處理，就會形成大矛盾。俗話講，冤家宜解不宜結。在與同事發生矛盾時，要主動忍讓，從自身找原因，換位為他人多想想，避免矛盾激化。如果已經形成矛盾，自己又的確不對，要放下面子，學會道歉，以誠心感人。退一步海闊天空，如有一方主動打破僵局，就會發現彼此之間並沒有什麼大不了的隔閡。

最後記得，不要輕易去討厭一個人。哪怕你看不慣別人的所作所為，但每個人都有自己的優缺點，人家也有人家的自由，不要讓自己太狹隘，那樣容易讓自己和別人都不快樂。以一顆寬容之心待人，你會發現這個世界上沒有那麼多討厭的人。

第七章 透過言行洞察，洞悉對方的心理

雖然人們可以用天衣無縫的謊言和天花亂墜的巧言來掩飾自己的真實意圖，但是眼睛和肢體動作，往往在不經意間就出賣了他。所以我們在社會交往過程中，一定要分別對方是否說出真話，不要輕信他們脫口而出的承諾和態度，而應該用更加專業的方法去洞察他們言行背後的、甚至用語言難以描述的潛在動機和需求。

透過心靈之窗洞悉對方

靈魂在哪裏呢？靈魂儲藏在你的心中，閃動在你的眼裏。德國著名心理學家梅賽因說：眼睛是瞭解一個人的最好工具，此言不虛。語言可以說謊，但眼睛不會。

一個人的內心動向，必然會反映在他的眼睛裏。心之所想，不用言語，從眼神中就會找到答案，這是每個人無法隱瞞的事實。常常有這種情況，有些人口頭上極力反對，眼睛裏卻流露出贊成的神態；有些人花言巧語地吹噓，可是眼神卻表現出他是在撒謊。

眼睛是靈魂的窗戶，它毫不掩飾地展現你的學識、品性、情操、趣味、審美觀和性格。戲劇表演家、舞蹈演員、畫家、文學家、詩人都在研究人們的眼睛，認為它是靈魂的一面無情的鏡子。一個敏銳的人，總是善於捕捉人們瞬息萬變的眼神，洞察對方的內心。

眼睛總是能提供很多資訊，例如看人時，眼睛睜大表示更願意與人交談，而眼睛深陷，眼神喜歡盯住一處的人則更加保守。當一個人的鼻孔張大時，說明他對所面臨的事更加自信。眼部的一些細微動作，能夠很好地顯示出對方的所思所想。所以下次與人打交道時，千萬別忘了注意他的眼睛。

我們先從眼睛的組成部分：瞳孔和眼珠說起，看看它們怎麼反映出了人的心理。

瞳孔的作用，是調節光射入眼內的量。最近人們已經從研究得知，瞳孔的功能並不止於這些。據說美國有人做過這樣的實驗，將一些美女的照片分給一群男女看，當這群人正在觀看照片時，檢察他們瞳孔的變化情況。其結果顯示，所有男性的瞳孔在觀看時都張得很大，女性則有的沒有變化，有的縮小。這說明，人的瞳孔看到自己有興趣、關心或喜愛的事物，往往會擴大，反之便會縮小。

瞳孔的變化是人不能自主控制的，瞳孔的放大和收縮，真實地反映著複雜多變的心理活動。若一個人感到愉悅、喜愛、興奮時，他的瞳孔就會擴大到比平常大四倍；相反的，遇到生氣、討厭、消極的心情時，他的瞳孔會收縮得很小；瞳孔不起變化，表示他對所看到的物體漠不關心或者感到無聊。

下面來看眼珠的轉動。談話時，對方的眼睛不同的轉動方式，表現出不同的內心動向。對方的眼左右、上下轉動而不專注時，是因為怕你而在說謊。這樣做，多半是為了不使你疑心，而不將真相說出，或由於他自身的過失。在你一再追問的情況下，他口是心非，眼睛則左右、上下轉個不停。幾個年輕女子在一起談笑逗樂，經常會把眼睛向左右、上下轉，表現出不沉著的樣子。

對方眼睛滴溜溜地轉動，表示他一有機會應會見異思遷。男人和女友或和自己的太太上街，他會情不自禁地注視來來往往的其他女性。從心理學來看，男性的這種移神的動作，是為了不失去客觀性的本能所發出來的舉動。相反，女性把一切都集中在男人身上，其本性只留在主觀感情上，所以女性走在路上除男朋友外，對其他男性並不關注。

還有一種情況，我們觀看電視上的辯論比賽時，往往可以看到因為被抓住弱點而眼光向左右快速轉動的人。這是他(她)正在動腦，試圖尋找反辯的證據。由於費盡心思，便會呈現出以視線快速轉動的現象。此外，人們在緊張或有所不安與戒心的時候，也會試圖擴大視界，以期獲取有關情報，好沉著應對，同樣會有類似的眼睛轉動的行為。

透過眼神去窺視人的心理活動，也是人們在社會生活中常用的方式。現在，讓我們來看一下，在交談時如何從對方的眼神和視線裏探出對方的真正意圖：

對方眼神閃爍不定。當某人內心正擔憂某件事，而無法真正坦白地說出來的時候，他會有這樣的眼神。可理解為對方心裏有自卑感，或正想欺騙你。當你和生意夥伴見面的時候，看到對方灰暗的眼光，就應該想到對方有不順心的事或發生了什麼意外的事情；而當你和對方交談時，對方的眼睛突然明亮起來，則表示你的話正說中了他的心裏最急於表達的事情。

眼睛上揚。是假裝無辜的表情，這種動作是在證明自己確實無罪；目光炯炯望人時，上睫毛極力往上抬，傳達著某種驚怒的表情；斜眼瞟人傳達的是羞怯靦腆的資訊。眼睛眨動。眨眼的系列動作包括連眨、超眨、睫毛振動等。連眨發生於快要哭的時候，代表一種極力抑制的心情；超眨的動作單純而誇張，表示驚訝和難以置信。

擠眼睛。擠眼睛是用一隻眼睛向對方使眼色表示兩人間的某種默契。在社交場合中，兩個朋友間擠眼睛，是表示他們對某項主題有共通的感受或看法，比場中其他人都接近。

對方眼神發亮略陰險時，表示對人不相信，處於戒備中；對方做沒有表情的眼神，表示心中有所不平或不滿。不管怎樣，人們內心的慾望或情感，必然會表露於眼睛上。如果你細心揣摩，可以發現，眼睛中傳達的資訊實在太多了，遠遠超出我們上面的列舉。因此，如何透過眼睛的活動瞭解他人的心理狀態，對人與人之間在交往中的心理溝通，具有重要意義。

他是否直視你的眼睛

我們都懂得社交禮儀，公關專家會不斷強調指出，社會交往中，尤其談話時要看著對方的眼睛。當然不必一直盯住看，最佳的表現是跟所交談的話題相配合，思考時可以移開視線，表達觀點時要注視對方的眼睛；這既是一種社交的禮貌，表示對別人的尊重；同時也是溝通、瞭解、認識別人的重要途徑。

美國的成功學奠基人卡內基說：談話時看著對方的眼睛是最起碼的溝通技巧。相信這是一個適合東西方人的普遍道理。所以我們都知道，要看著對方的眼睛，然後開始一個有效的對話。但有些人並不這麼做，那是為什麼呢？

根據人的不同性格和當時的具體情況，原因當然各異。有些人，知道如果完全不注意別人的眼睛，就無法瞭解對方內心世界的微妙變化。所以，為了不讓別人洞悉自己的內心狀況，就不肯直視你的眼睛。但另外一些人在交談時不看對方的眼睛，可能是膽怯、信心不足、難為情或畏縮。情侶初次相會，也常常這樣。大人物講話或聽別人談話時，往往能大大方方地直接望著對方的臉，他們的見識、心理狀態就不存在前幾種情況。

看來，透過人的視線，同樣可以窺探出人的內心活動。因為視線的交流是溝通的前奏，那麼下面我們就來看看具體該怎麼辨別：

一個人的視線可以從不同角度和不同的觀點來瞭解。其一，對方是否在看著自己，這是關鍵；其二，對方的視線是如何活動的。對方直盯著自己，或視線一接觸馬上撇開，其心理狀態是迥然不同的；其三，視線的方向如何，也就是觀察對方是否以正眼瞧著自己，或以斜眼瞪著自己；其四，視線的位置如何這是觀察對方究竟是由上往下看，或者是由下往上看等；其五，視線的集中程度。這是指觀察對方是專心一致在看著自己，還是視線飄渺，不知究竟是在看什麼地方等。這些表現所代表的意義是各不相同的。

和你談話時，他的眼睛並不是看著你，而是看遠方，這表示對你的談話不關心或在考慮別的事情。

例如，當你很有誠意地對女友說話時，她卻常常將眼睛注視別的地方，表示她心中正在盤算別的事情，或許因為對結婚沒有信心，也可能她另有對象，對你說不出口。出現這種情況，你不妨用試探的口氣問她：「有什麼麻煩事嗎？告訴我，我們共同解決。」

如果對方是非常重要的交易談判對象，他同樣會在心裏盤算，如何使交易變成有利的狀況。看對方的眼神中，也有凝視於一點或焦點不變的眼神，這種眼神表示對方心中在想其他事情。談生意的對象有這種眼神時，要特別注意不要將大量貨物出售給他，因為對方可能支付不了貨款；如果對方是賣者，他所賣的貨物可能是次品。總之，當你的交易對象出現這種眼神時，你一定要小心提防。這時候，你可以毫不客氣地問：你有什麼煩惱的事情？從對方口中探知原因。如果對方慌張地說：不！沒有什麼事……這時，應當斬釘截鐵地與他中斷洽談，可以對他說：以後再談吧。

如果在某個會議上，你發現一位出席者對坐在他正面的某人看都不看一眼。那麼，等他對面的那位發言過後，你不妨問他：你認為他的意見如何呢？他如果立即予以猛烈反駁的話，則證明他們之間曾經有過爭論，或有什麼成見。

但是需要注意，通常人們在與自己的上司交談時，始終注視對方的眼睛的人是極少的，因人在這時大多數或多或少會有害怕、害羞或者屈卑的感覺。更有一種病叫眼神恐怖症，得了這種病的人不管是對什麼人，都不敢正視其眼光。

斜視對方的眼光，表示拒絕、藐視的心理。

人們聚集在一起時，常常可以看到斜視對方的眼光。這種眼光的特性，是表示拒絕、輕蔑、迷惑、藐視等心理。公司或商場間的競爭對手或其他競爭者之間難免會正面交鋒，互相之間經常會用這種蔑視的眼神看對方。

但是，斜而略帶含笑的眼神，有時也表示對對方懷有興趣。尤其在初次見面的異性之間，經常能見到這種眼神，多出現在女方身上。如果你是一位男士，有一位不太熟悉的女孩子這麼看你，那表示她對你感興趣。遇到這種狀況時，你應該鼓足勇氣和她攀談，略顯輕蔑的眼神會變成最有興致的眼神。

心之所想，不用言語，從視線中就會找到答案，這是每個人無法隱瞞的事實。不管他是否敢於直視你的眼睛，你都要從他的眼部動作中找出內心真實的想法。

「眉態」百出，心理各異

當人們心情變化時，眉毛的形狀也會跟著改變。眉宇之間的一些資訊能透露人們解決問題的方法、關注細節的持久度，以及是否能夠做到實話實說等。

美國社會心理學家琳・克拉森被人們稱為「讀臉專家」，她考察了性格和面部神情的關係，並進行了大量相關的試驗，結果發現，人們很難隱藏或改變面部的細微變化，而這些變化最能透露我們的所思所想。

克拉森表示，眉毛最能表露一個人的心理，當眉毛向下靠近眼睛的時候，表示他對周圍的人更熱情、更願意與人接近；而眉毛上挑，則表示這個人需要尊重，需要更多時間適應現在的場合，如果你遇到的人將眉毛向上挑，此時不要靠他太近，可以先與他握手，讓對方主動靠近你，以免讓他感覺不舒服。

眉毛的潛在語言，大致有以下五種表現：

1、揚眉

當人的某種冤仇得到伸張時，人們常用揚眉吐氣一詞來形容這時的心情。當眉毛揚起時，會略向外分開，造成眉間皮膚的伸展，使短而垂直的皺紋拉平，同時整個前額的皮膚擠緊向上，造成水準方向的長條皺紋。揚眉這個動作，能擴大視野，但同時也要認識到，一個眉毛高挑的人，正是想逃離庸俗世事的人，通常會認為這是自炫高深的傲慢表現，而稱為「高眉毛」。

當一個人雙眉上揚時，表示非常欣喜或極度驚訝，單眉上揚時，表示對別人所說的話、做的事不理解、有疑問。當人們面臨某種恐懼的事件時，可以用皺眉來保護眼睛，也可以用揚眉來擴大視野，兩者都對我們有利，但我們只能選擇其一。一般的反應是：面臨威脅時，犧牲擴大視野的好處，皺眉以保護眼睛；危機減弱時，則會犧牲對眼睛的保護，揚眉以看清周圍的環境。根據眉毛的變化方式，你可以判斷出對方當下的感受。

2、皺眉

皺眉的情形包括防護性和侵略性兩種。防護性的皺眉只是保護眼睛免受外來的傷害，但是光皺眉還不行，還需將眼睛下面的面頰往上擠，眼睛仍睜開注意外界動靜。這種上下擠壓的形式，是面臨外界攻擊、突遇強光照射、強烈情緒反應時典型的退避反應。至於侵略性的皺眉，其基點乃是出於防禦，是擔心自己侵略性的情緒會激起對方的反擊，與自衛有關。真正侵略性眼光應該是瞪眼直視、毫不皺眉的。最常見的皺眉，往往被理解為厭煩、反感、不同意等情形。

3、聳眉

聳眉指眉毛先揚起，停留片刻，然後再下降。聳眉與眉毛閃動的區別就在那片刻的停留，聳眉還經常伴隨著嘴角迅速而短暫地往下一撇，臉的其他部位沒有任何動作。聳眉所牽動的嘴形是憂傷的，有時它表示的是一種不愉快的驚奇，有時它表示的是一種無可奈何的樣子，此外，人們在熱烈地談話時，會做一些小動作來強調他所說的話，當他講到重要處時，也會不斷地聳眉。

4、斜挑

斜挑是兩條眉毛中的一條向下降低，一條向上揚起，這種無聲語言，較多在成年男子臉上看到。眉毛斜挑所傳達的資訊介於揚眉與皺眉之間，半邊臉顯得激越，半邊臉顯得恐懼。揚起的那條眉毛就像提出了一個問號，反映了眉毛斜挑者那種懷疑的心理。

5、閃動

眉毛閃動，是指眉毛先上揚，然後在瞬間再下降，像流星劃過天際，動作敏捷。眉毛閃動的動作，是全世界人類通用的表示歡迎的一剎那信號，是一種友善的行為。當兩位久別重逢的老朋友相見的一剎那，往往會出現這種動作，而且常會伴隨著揚頭和微笑。但是在握手、親吻和擁抱等密切接觸的時候很少出現。眉毛閃動除了作為歡迎的信號外，如果出現在對話裏，則表示加強語氣。每當說話者要強調某一個詞語時，眉毛就會很自然地揚起並瞬即落下。

總之，眉毛雖然也只是人面部一個很小的部分，有人的眉毛甚至不是十分的明顯，但作用卻很大，它的一動一靜，就在無形中透露了你的心境，如果要不想讓別人太看透你，那麼你就得讓自己的心態再老成一點，最好能處變不驚，但儘管這樣，也不能完全阻止對方發現你的心理；當然，對方也同樣如此。我們可以利用這個小部位的舉動，幫助我們更接近對方的真實心理。

談吐之間透露出的心理

一個人在說話的時候，除了言談的內容之外，還有太多的細節可以暴露他的內心。如果你能夠把握這些資訊，何愁溝通不暢？

在交談的過程中，語速、語調、抑揚頓挫，以及潤飾等，極大地影響著表達效果。人們有意無意地透過這些因素，表現出所謂的言外之意。當你和別人交流時，需要設法從這些因素中來瞭解對方的心理。只要你仔細琢磨，便不難聽出弦外之音，看出某些端倪，瞭解對方真正的意圖。

1、言談的速度是瞭解對方心理的關鍵

在說話方式的各種因素中，首推速度。速度快的人，大都能言善辯；速度慢的人，則較為木訥，此均為每個人固有的特徵，依人的性格與氣質而異，不過在心理學中所要注意的，便是如何從與平時相異的言談方式中瞭解對方心理。像有些平日能言善辯的人，有時候忽然結結巴巴地說不出話來；相反地，也有些平時木訥講話不得要領的人，卻突然會滔滔不絕地高談闊論。遇到這種情況，我們應小心，必定出現了什麼問題，應仔細觀察，以防意外。

大體而言，當言談速度比平常緩慢時，表示不滿對方，或對對方懷有敵意；相反地，當言談的速度比平常快速時，表示自己有短處或缺點，心裏愧疚，言談內容有虛假。

在一次電視座談會上，有位評論家曾經說：「男人如果在外面做了虧心（風流）事，回到家裏，必定滔滔不絕地與太太講話。」從心理學的角度看，這種情形是因為，當一個的心中有不安或恐懼情緒時，言談速度便會變快。憑藉快速講述不必要的多餘事，試圖排解隱藏於內心深處的不安與恐懼。但是，由於沒有充分的時間冷靜反省自己，因此，所談話題內容空洞，遇到敏感的人，便不難窺知其心理的不安狀態。

在工作公司上，也經常會發生類似情況。平時沉默寡言的同事，假使忽然變得格外多嘴時，則其內心必定隱藏著不欲人知的秘密。

2、從言談的音調中可瞭解對方的心理

與說話速度同樣可以呈現特徵者，便是語調。以丈夫在外做虧心（風流）事為例，

假使被太太識破的話，則其強辯的聲音必定會立刻升高。日本一位作曲家曾在雜誌上敘述道：「當一個人想反駁對方意見時，最簡單的方法，就是拉高嗓門、提高音調」。的確如此，人總是希望藉著提高音調來壯大聲勢，並試圖壓倒對方。

一般而言，年齡越大，音調會隨之相對地降低。但是例外的情況自然難免，有些成人音調確實是相當高的。若非這種情況，那麼提高聲調就是自己無法抑制任性的表現。在此情況下，也絕對無法接受別人的意見。

在有女性參加的座談會上，如果有人的批評似乎牽扯到某位女士，於是被批評的那位女士便會猛然發出刺耳的叫聲，並像開機關槍似的開始反駁，使得與會者出現啞口無言的場面，座談的氣氛即刻蕩然無存。音調高的聲音，被看作精神未成熟的象徵。

言談之中，還有所謂的抑揚頓挫。說話時抑揚頓挫強烈的人往往是希望引起對方注意的人，這種人的性格具有強烈的表現慾。

3、從言談的韻律瞭解方的心理

在言談方式中，除了音感和音調之外，語言本身的韻律（節奏）也是重要的因素。充滿自信的人，談話的韻律為肯定語氣；缺乏自信的人，或性格軟弱的人，講話的韻律則慢慢吞吞。其實，也有人在講一半話之後而悄悄地說：「不要告訴別人……」。

此種情況多半是在秘密談論他人的是非，但是，內心卻又希望眾人知道。

經常滔滔不絕，談個不休的人，一方面表現盛氣凌人，另一方面又好表現自己。這種類型的人，一般性格外向。

日本有很多人喜用暖味的、不肯定的語尾進行談話。日語的結構，由於其結構都落在語尾，因此，假使語尾的語意不清的話，很容易形成模棱兩可的意思。採用這種談話方式的人，就是有意躲避言談的責任。也有人常這樣說：「這只是我個人的想法。」、「這不能一概而論」等等。

如果你是個細心的人，就會發現每個人的談話方式都是不一樣的，除了音調、音色的差異之外，還有語速、語氣、口頭禪等各方面的不同，非常有趣。下一次，當你與別人交談時，可以試著留意一下，看看在對方的談吐之中，透露出了哪些性格特徵或者心理活動。

解密不同打招呼方式的心理動因

見面打招呼、問好是人們在交往中互相表示友好和認定的一種方式。正因為打招呼是人們見面時最簡便、最直接的禮節，是人人都需要實施的行為，極具普遍性，在日常生活中出現的頻率極高。所以，打招呼的方式也就透露出了關於這個人性格的消息。

打招呼的方式因人而異，從打招呼和應答的方式中，都可以或多或少地反映出人的性格。

1、**打招呼時雙方的距離，可顯示出雙方心理上的距離。**

我們相互打招呼的時候，若能觀察對方與自己之間保持的距離，就會洞察對方心理狀態的特點。比如對方在打招呼的時候，故意後退兩三步，也許他自己認為這是一種禮貌，表示謙虛，然而這種小動作往往讓人誤解是冷漠的表現，以致引不起話題，同時也難以開懷暢談。像這種有意拉長距離的人可視為警戒心、謙虛、顧忌等情感的表現。

如果下意識地保持距離，說明了對對方的疏遠、警戒，試圖造成對自己有利的氣氛，使對方的心理狀態處於劣勢。

2、一面注視對方的眼睛，一面點頭打招呼的人，除了對對方懷有戒心外，還具有處於優勢地位的慾望。

有些人在打招呼時，一直凝視著對方的眼睛來點頭，其心理是利用打招呼，來推測對方心理狀態，並含有對對方保持戒心，企圖比對方優越的表現。

公關專家建議，要想和這種人接近，應特別注意誠意。若在這種型態的人前暴露自己的缺點，則會被對方瞧不起，所以不能操之過急，應採取長時間接近法。

3、不看對方的眼睛來打招呼，大都有自卑感。

如果你注意對方的眼睛打招呼，但對方不看你這邊的眼睛而做應答招呼，那並不是看不起人。這時，你需抑制自己，姑且平靜心態相對。因為，對方實在是因為怕生人而膽小，或有強烈的自卑感，並非自傲、瞧不起人，在此時如同「被蛇看上的青蛙」。那麼，你切記不要作那條「蛇」，這樣雙方才能平等、互相瞭解。

4、初次見面就很隨便和你打招呼的人，是想形成對自己有利勢態的一種戰術。

初次見面就很隨和地打招呼的人，往往使人大吃一驚。有人往往認為這樣的人很輕浮，其實這種人往往很寂寞，非常希望與別人接近。去酒吧或俱樂部時，坐在自己旁邊的女士，雖然是初次見面，卻很親熱地與自己交談，事實上是為了使當場狀況變得有利於自己。

公關專家提醒，當遇到「見面熟」的男性時，女性要特別小心，切勿使男性有機可乘。

5、雖然經常見面，還是千篇一律地打招呼，是自我防衛、表裏不一的人。

有些人曾經在一起喝過無數次酒，且經常一道工作，還是千篇一律地打招呼。這種人，具有自我防衛的性格。

6、「招呼用語」揭示人的性格。

路易士維爾大學心理學家斯坦利・弗拉傑博士聲稱，從一個人的打招呼用語，可以瞭解這個人的自身的好多東西。能揭示性格的招呼語，是指你剛剛結識某人時或與熟人相遇時，你最經常使用的那一種。這裏弗拉傑博士舉出的幾種常見的招呼語，每一種均可揭示出說話者的性格特徵：

你好。這種人頭腦冷靜得近乎於保守，對待工作勤勤懇懇，一絲不苟，能夠控制自己的感情，不喜歡大驚小怪，深得朋友們的信賴。

喂。此類人快樂活潑，精力充沛，渴望受人傾慕，直率坦白，思維敏捷，富於創造性，具有良好的幽默感，並善於聽取不同的見解。

嗨。此類人靦腆害羞，多愁善感，極易陷入為難的境地，經常由於擔心出錯而不敢做出新的嘗試。但有時也很熱情，討人喜愛，當跟家裏人或知心朋友在一塊時尤其如此；晚上寧肯和心愛的待在家中，而不願外出消磨時光。

過來呀。此類人辦事果斷，樂於與他人共用自己的感情和思想，好冒險，不過能及時從失敗中吸取教訓。

看到你真高興。此類人性格開朗，待人熱情、謙遜，喜歡參與各式各樣的事情，而不是袖手旁觀。這類人是十足的樂觀主義者，常常沉於幻想，容易感情用事。

有什麼新鮮事？這種人雄心勃勃，凡事都愛刨根問底，弄個究竟，熱衷於追求物質享受並為此不遺餘力。辦事計畫周密，有條不紊；遇事時寧願洗耳恭聽，而不便表態。

當然，東西方文化存在差異，我們有自己獨特的招呼方式，你可以具體情況具體分析。

7、雙方握手的方法，可顯示出對方的性格。

有些人見面打招呼的方式是伸出手來和別人握手。透過握手中的細節也可以洞察對方的性格。通常可以分為以下情況：

握手時，使勁握對方手的人，其性格主動、剛強，而且充滿著自信。握手時不使勁的人，則個性較為軟弱，且缺乏魄力；在舞會等交際場合，頻頻與初識者握手的人，是一種自我表現慾強的人和社交能力強的人；握手時掌心出汗的人，大都易於衝動、心態失去平衡。握手時先凝視對方，然後再握手的人，則是希望將對方心理處於劣勢地位的人。

我們常說「處處留心皆學問」，確實如此。小小的一個打招呼，也可以傳遞出如此多的資訊。如果在社會交往中，我們肯細心察看，就不會總被別人的表面行動迷惑了。

面對讚美心理活動有差異

讚美是對成績的肯定。獲得讚美是件幸福的事，表示大眾接受自己的行為或某種觀點，是人人都期待的一種外界反應，受到讚美的人往往會受到鼓勵，更有幹勁，心情愉悅。有的人把讚美看得特別重，甚至勝過生命和財富；也有的人把讚美看得微不足道。我們可以從一個人看待讚美的態度來觀察他的內心世界：

有的人聽到別人讚美自己，立刻會用相應的讚美話語回敬，讓對方有被回報的感受。這種人很有個性，獨立性強，不喜歡依附他人，對自己和生活充滿了自信。在人際交往過程中，他們講究界限分明，不願欠別人的情，和這種人交往可以毫無後顧之憂，不必擔心吃虧，但也不要產生佔他們便宜的念頭。

有的人在聽到別人對自己的讚美時，經常用詼諧的話語回敬別人的讚美，有時否定對自己的讚美。他們極其維護私人空間，不願受到他人的侵入，將眾多的精力和時間用於經營自己的獨立空間。這種人說話幽默含蓄，但又略顯放蕩不羈，其實這是他們故意封閉自我的一種手段。由於他們的戒心較強，通常不會和別人建立起深厚的情誼。

有的人聽到讚美，樂於接受，並且會在接受別人讚美的時候用適當的好話答謝對方。這種人心地單純，胸懷坦蕩，好助人為樂，凡事能夠設身處地為他人著想。如果朋友陷入困境，他們會慷慨大方地給予朋友及時有效的援助，和他們一起共度難關。他們懂得肯定別人的優點，所以別人非常願意和他們相處。

有的人從沒有把別人的讚美放在心上，他們有很強的時間觀念，根本沒有心情為接受讚美浪費過多的時間，所以總是找其他的話語來改變話題。他們具有睿智的思想，敏捷的反應而且才華橫溢，富有眼光，既現實又幹練。他們充滿自信，甚至狂放不羈，他們淡薄名利，然而，無心插柳柳成蔭，反而容易成就偉大的事業。

有的人對於別人的褒揚，既不會沾沾自喜，也不會漠視不理，總是恰到好處地表達出由衷的感謝，這種人的心態非常好。他們穩重踏實，講究實效，富有進取心，善於韜光養晦，經常出其不意地給人以驚喜。他們具有很強的獨立操作能力，能夠按照預定的目標堅持不懈地努力。他們有很好的定力，不受外界環境影響，也沒有什麼虛榮心，不會招搖過市、不可一世。

有的人對於別人的讚美無動於衷甚至充耳不聞。這種人在工作當中腳踏實地、兢兢業業，不喜歡因為受到別人的注意而浪費時間和精力。他們為人平和，心態良好，不喜歡爭強好勝，凡事順其自然。他們懂得付出，會心甘情願地為別人做許多事。他們內心渴望平靜的生活，常常會閉門思幽、離群索居。

有的人受到讚美的時候面紅耳赤，顯得很靦腆。這種人溫順敏感、感情脆弱，他們不僅對讚美很敏感，對批評也很敏感，更經受不起意外的打擊；他們富有同情心，懂得換位思考，體諒他人，不會用言語或行動主動攻擊他人。

有的人聽到別人的讚美，會用一副非常驚喜的樣子來表達自己的喜悅。這種人憨厚淳樸，不喜歡與別人產生矛盾，經常以忍讓來換取安寧。他們害怕孤獨，喜歡參加群體性活動。由於大度和慷慨，在交往中他們與別人容易建立起良好的人際關係，並且相處得非常融洽。

當然，人們的心情總是瞬息多變的。上面介紹的是怎樣從一個人對別人讚美習慣性的回應中洞悉其心理，下面來談對讚美的回應中體現出的心情：

就拿「今天你特別漂亮」這句讚美之辭的回答來說吧，你通常會遇到這樣的回答：「哪裏有你漂亮？」說者大多臉上不表露，但心底卻喜滋滋的。

「開什麼玩笑，都七老八老了！」說者極度不自信，甚至覺得你在挖苦他（她）。

「謝謝，你也很漂亮啊！」這是一種讓雙方都身心愉悅的回答，既是對自己的自信，也是對他人眼光和讚美的肯定。

「那是因為你心情好，看什麼都特別漂亮！」這樣的回答既表現出自信的謙虛，也讓對方成為對話的主角，雙方都愉快。

「其實我一直都這麼漂亮的呀！」說者看似在自誇，實質上是一種幽默的推辭，讚美者也會意地一笑而過，短暫的會話能給彼此帶來笑聲，無論有無實質意義，都令人愉快。最後，再來講一個笑話：國內某官員攜夫人出國訪問，見面行過握手禮後對方出於禮節對某官員說：「您夫人真漂亮！」某官員出於國人的謙虛美德，一如在國內的作答方式：「哪裏、哪裏！」孰料翻譯把意思直譯：「WHERE、WHERE？」外國官員愣了一下，心想：「誰說中國人保守？我讚美他夫人漂亮，人家還直接問我哪裏漂亮呢！厲害！」

笑過之後，回到我們想要表達的問題上來：中國人受傳統文化觀念的影響，對於讚美的回答向來是謙虛推辭，但西方不同。在中西方文化交融碰撞的今天，人們對於讚美的回應錯綜複雜，若想明瞭對方的真實想法，更需謹慎判斷。

他是怎樣坐著的？

坐姿是人的一個生活習慣，凡是習慣總能表現出某個人的某些特徵。下面我們就來看看坐姿中是怎樣體現一個人的性格：

1、左腿搭右腿，雙手交叉放於大腿兩側

這類人通常有較強的自信心，堅信自己對某件事情的看法。即便與別人存在分歧，也不會輕易受到別人的影響。他們協調能力很強，有領導的才能和慾望，他們周圍的人也都心甘情願被他領導。不過這種人性情不專一，比較容易見異思遷，這山看著那山高。

2、右腿搭在左腿上，兩小腿靠近，雙手交叉放在腿上

這種人讓人感覺非常和藹可親，很容易讓人接近，其實不然，在別人找他談話或辦事時，他們總是一副愛搭不理的神情，以至於你不得不反思自己曾經做出的判斷。他們不僅個性冷漠，而且缺乏耐心，做事總是三心二意，也不能全力以赴、腳踏實地去認真完成。

3、兩腿及兩腳跟併攏靠在一起，雙手交叉放於大腿兩側

這類人比較古板，性情自我、固執，不願輕易接受別人的意見，即便知道別人說的是對的，也願意固執地堅持自己的觀點。他們大多有完美主義傾向，凡事都想做得盡善盡美，做事缺乏耐心，哪怕只是短短十分鐘的會議，他們也會顯得極度厭煩，甚至反感。所以，在現實中，他們不太容易成功。

4、兩膝蓋併在一起，小腿隨著腳跟分開成一個八字樣，兩手掌相對，放於兩膝蓋中間

這種人性情比較內向，容易產生害羞、膽怯、忸怩的心理。但他們感情細膩，雖不溫柔，但常常會給人一種莫名其妙的好感覺。他們是保守型的代表，對時尚有一種莫名的排斥。在工作中他們習慣於用過去成功的經驗做依據，常常有驚惶失措的感覺。不過他們對朋友的感情是相當真誠的，每當別人有求於他們的時候，只需打個電話他們就肯定會效勞。

5、敞開手腳而坐，兩隻手沒有固定擱放處

這是一種開放式的坐姿。這種人可能具有主管一切的偏好，有指揮者的天質或支配性的性格，也可能是性格外向，不拘小節，甚至是不知天高地厚。這種人生性好奇，喜歡追求新鮮事物。他們喜歡標新立異，對於普通人做的事不會滿足，總是想做一些其他人不能做的事。喜歡這種坐姿的人，最喜歡和人接觸，而他們的人緣也確實很好，而且他們不在乎別人對他們的批評，始終堅持按照自己的性格生活。

6、踝部交叉而坐

這是一種控制消極思維外流、控制感情、控制緊張情緒和恐懼心理、表示警惕或防範的人體姿勢。這種人一般性格內向，外表謙遜，幾乎封閉了自己的情感世界。在工作上，這種人踏實認真，雖然工作能力欠佳，卻也能夠埋頭為實現自己的夢想而努力。

7、愛側身坐在椅子上

這種人可能只為了心裏感覺舒暢，並不想刻意給他人留下什麼好印象。他們往往是感情外露、不拘小節者。

8、身體盡力蜷縮一起、雙手夾在大腿中而坐

這種人往往自卑感較重，謙遜而缺乏自信，大多屬服從型性格。

其實，不僅坐姿可以反應出人的性格，就是落座時的動作行為、方式也可以透露一個人當時的心理狀態。下面我們來看：

1、在他人面前猛然而坐

很多人都以為這是一種隨隨便便、不拘小節的樣子，其實不然，這個舉動恰恰是反映出此人心神不寧，或有不願告人的心事，因此以這個動作來掩飾自己的抑制心理。

2、坐在椅子上搖擺不定或不斷抖動腿部或用腳尖拍打地面

這說明此人內心的焦躁不安、有點不耐煩，或為了擺脫某種緊張感而為之。與你並排而坐的人，如果有意識無意識地挪動身體，說明他想要與你保持一定距離，但又礙於面子不便挪動。

3、舒適而深深地坐在椅內

這種坐姿表示他有著心理優勢。所謂坐的姿勢，是人類活動上的不自然狀態，在心理學上常稱它為「覺醒水準」的高度狀態，隨著緊張的解除，該「覺醒水準」也會因而降低。因此腰部是逐漸向後拉動，變成身體靠在椅背、兩腳伸出的姿勢。此姿勢並非發生何事，立即可以起立的姿勢。這是認為跟對方不必過分緊張之人所採取的姿勢。

4、將椅子轉過來、跨騎而坐

這種人，一般自我意識比較強，總想唯我獨尊，稱王稱霸。或者是當人們面臨語言威脅時，或對他人的講話感到厭煩時，想壓下別人在談話中的優勢而做出的一種防護行為。

5、喜歡面對著別人坐

這類人應該比較好相處，因為他們希望自己能被對方所理解。

6、斜躺在椅子上

這說明他比坐在他旁邊的人更有心理上的優越感，或者處於高於對方的地位。

7、直挺著腰而坐

是表示對對方的恭順，也可能表示被對方的言談所打動，也表示欲向對方表示心理上的優勢，這些要視當時情況而定。

8、始終淺坐在椅子上

這是一種處於心理劣勢的表現，且欠缺精神上的安定感，也是缺少安全感的表現。因此，對於持這種姿勢而坐的客人，如果和他談論要事，或托辦什麼事，還為時過早，因為他還沒有定下心來。

想想看，你自己是怎樣坐著的？有沒有向對方傳遞出消極的資訊？而對方情況又是怎樣的，向你透露出了怎樣的資訊？學做一個有心人，收穫自然會大不同。

那些「出賣」說謊者的舉動

常常有這種情況，有些人口頭上極力反對，眼睛裏卻流露出贊成的神態；有些人花言巧語地吹，可是眼神卻表現出是在撒謊。一個誠實的人他的眼睛是自信的，說謊的人他的眼角會不自覺地往上翹或者眼睛轉動速度比說話的節奏快。這就是眼神「出賣」了說謊者。

面對一個誠實的人，他的眼睛堅定渾厚，眼神沉重踏實，你會覺得他對自己的行為有著堅定的信念；他的敘述充滿了說服力和感染力，讓人不容置疑。說謊的人在心理上是不確信的，他的眼睛漂浮無根，說話沒有底氣和正氣……這就是為什麼母親會要求說謊的孩子「看著媽媽的眼睛說話」，因為說謊者不敢看對方的眼睛，誠實的人則可以坦然地和對方四目相交。心理學實驗也證明了，被要求故意說謊的人不敢像說真話的人那樣，經常凝視聽者的眼睛。

無論是出於何種動機，也不管說謊會導致怎樣的後果，我們誰都不想被別人欺騙，所以我們都想清楚對方有沒有騙自己。可是該怎麼辨別出來呢？別擔心，會有辦法的。上面我們已經說了，眼神和眼睛都可以出賣說謊者，除此之外，可以揭發主人心理的小動作還有很多。因為說謊就意味著欺騙，所以很少有人能在說謊的時候鎮定自若，而總是借用某些肢體動作的掩飾來減輕欺騙他人過程中的心理壓力。下面我們來看看：

捂嘴巴。說謊時用手或拳頭捂住嘴巴，說明他們可能正在說謊。而說話的時候對方也捂著嘴巴，則表示對方覺得他們正在說謊，提醒他們不要繼續說下去或立刻轉換話題，否則繼續談話將毫無意義，甚至會出現不愉快。

碰鼻子。這是一種比較世故的做法，或許由捂嘴巴動作轉化而來，有人在鼻子下方有意無意地輕碰幾下，也有人用非常不明顯的動作很快地碰一下鼻子，有時候讓人察覺不出。採用這種動作的人是為了掩飾心中的慌亂，或是希望轉移對方的注意力，因為他們覺得自己其他部位更容易暴露自己正在說謊。

揉眼睛。這個動作有男女之分，女人多半是輕輕摸一下眼睛的下方，她們怕把眼睛周圍的妝弄壞了；毫無後顧之憂的男人會用力地揉眼睛，如果謊撒得過大，他們還會把視線轉向別處，較多的是看地面，也有的看周圍的景致，為的是在說謊時避免目光與對方視線的接觸。

摸脖子。用這動作掩飾說謊的人通常有兩個相似之處，那就是都用右手的食指，被搔的部位是耳垂下邊的頸部。有人對此做了細緻的觀察，發現說謊者搔頸的次數通常都在五次以上。這種動作也代表了懷疑或不能確定的意思，說話者也許正在想，我無法確定自己說的話是百分之百正確的。

抓耳朵。這個動作猶如小孩用雙手捂著耳朵的動作，但對於成年人則顯得比較世故。除此之外，還有人會搓耳朵、拉耳垂，或是把整隻耳朵按住以掩住耳孔。他們比較膽小，歲數也不大，不成熟讓他們在不經意間使出兒時的動作來掩飾自己的忐忑不安。

東張西望。說謊的時候東張西望的人通常比較膽小怕事，也就是說他們根本不會說謊，對於說謊感覺像做了虧心事似的，而且心中受到譴責，同時等待接受對方的懲罰。他們通常善良老實，為人處事以誠相待，一般不會說謊，說謊必定有一定的原因，所以他們不是不可原諒。

眼睛不斷轉動。當你與某人做成一筆交易並到其公司收款時，對方的眼睛若是向左右、上下轉地說：「總經理出去了，明天再付給你……」對方這樣說，就是撒謊的表現。對方經常做這種表情，如果再繼續交易的話，難免會有風險。

認認真真做其他事情。有著非常多的說謊經歷的人，說謊對他們來說有如家常便飯。他們不一定有很大的年齡，他們能夠鎮靜地對待說謊，說明他們的外部環境相當惡劣，說謊是他們適應環境的一種方式和謀生手段。他們也有心地善良的一面，但往往被他們的桀驁不馴所掩蓋。

無意識中的動作會洩露我們的情感，對此，我們必須引起注意。特別在你不得已向對方撒謊時，語言可以天衣無縫，表情可以強裝，但沒有意識到的小動作卻會洩露秘密。因此，我們有必要瞭解不同動作代表的一定含義。當然，你同樣可以利用這些知識來判斷對方是不是在對你說謊。

從「小動作」看對方的心理

佛洛德說：「嘴唇緊閉，指尖卻開了。你身體的每一處都會洩露心底的秘密。」的確，我們無法像控制語言那樣成功地控制肢體語言。因此，即使你試圖掩蓋，情感還是會透過動作流露出來。

有這樣的一個心理實驗：只透過表情，或是只透過動作來推測一個人的心理狀態。結果，透過表情最易捕捉流露出情感的種類，而透過動作最能推斷這種情感的強烈程度。即，看表情能夠判斷一個人是高興還是不快樂，具體到他究竟有多高興或是多不高興，則必須觀察他的肢體動作。

透過對身體小動作的詳細觀察，可以進一步看出對方的性格。比如，喜歡挺胸的人肯定充滿自信，心態健康而積極；相反的人肯定不那麼自信，或者天性羞澀，人生觀相對消極。下面我們分別來看這些重要的小動作：

1、手勢

手可以充分表達感情，它是人體中觸覺最為敏感、肢體動作最多的地方，所以觀察一個人說話時手的姿勢變化，往往能及時捕捉到他發出的各種資訊。

例如十指交叉，這是一種典型的本能型防衛姿態，說明他可能受過嚴重地傷害，存在一定的心理陰影，而雙肘支撐雙手交叉，則體現著一種充滿自信的心理狀態。將十指相對做成尖塔形狀的人，說明他只是對你所說的話，而絕不是對你這個人產生興趣，但若是用手觸摸耳朵，表明他對你所說的話缺乏基本的信任。有些人如果不停地用手觸碰鼻尖，是他內心猶豫不決，未能做出明確決斷時常見的肢體語言。而用手搔頭提示他這時已經出現煩躁不安；用手捂嘴則是他想掩飾自己的真實想法；用手在面部摩挲表明他對談話的內容心不在焉、沒有任何興趣。

2、頭部姿態

習慣頭部上揚的人通常自視甚高、傲慢而唯我。或許是因為他們的條件一般都不錯；頭總是低俯的人通常內向而溫柔，雖然有時顯得缺乏激情，但是能細心體貼地關照別人；頭部側偏的人通常充滿好奇心，但偏於固執。他們往往缺乏忍耐力。

3、習慣性的小動作

身體動作除了顯示對方當下的狀態之外，很多時候也是個性的展現。日本管理顧問武田哲男歸納出幾種常見的習慣動作，反映了特定的個性與行為模式：

喜歡眨眼：這種人心胸狹隘，不太能夠信任。如果和這種人進行交涉或有事請托時，最好直截了當地說明。

習慣盯著別人看：代表警戒心很強，不容易表露內心情感，所以面對他們，避免出現過度熱情或是開玩笑的言語。

喜歡提高音量說話：多半是自我主義者，對自己很有自信，如果你認為自己不適合奉承別人，最好和這種人劃清界線。

穿著不拘小節：也代表個性隨和，而且面對人情壓力時容易屈服，所以有事情找他們商量時，最好是套交情，遠比透過公事上的關係要來得有效。

一坐下就翹腳：這種人充滿企圖心與自信，而且有行動力，下定決心後會立刻行動。

邊說話邊摸下巴：通常個性謹慎，警戒心也強。

將兩手環抱在胸前：做事也非常謹慎，行動力強，堅持己見。

4、觀察不尋常的動作

當人在緊張或是有壓力時，常會不自覺做出某些動作：

觸摸或按摩頸部：我們的頸部有許多神經末梢，只要稍加按摩，就可以有效降低血壓與心跳速度，消除緊張。另外，按摩額頭或是摸耳垂，也都是一般人緊張時會出現的動作。而如果男生拉著領帶，或是女生玩弄頸上的項鏈，也代表同樣的意思。

深呼吸或是話變多：深呼吸是立即平緩情緒的最簡單方法，因此當你看到對方深呼吸，就知道他可能在壓抑自己的情緒。或是在過程中對方不太愛說話，卻突然話多了起來，也代表他的情緒開始變得不穩定。

用手放在大腿上：緊張時我們也會不自覺地雙手放在大腿上來回摩擦，試圖平緩自己的情緒，因此這個動作也是另一個重要的線索。此外，有時候當你發現對方動作快速，決定很果斷，通常這麼做的目的是為了掩飾自己的沒信心。真正有自信的人會深思熟慮，而不是不假思索就做出決定，急著展現自己的信心。

當你觀察到以上的行為時，就可以依據情況決定自己是否要趁勝追擊，迫使對方答應你的要求，或是說些話讓對方放鬆，以利於接下來的交談。

有實驗發現，一個女人要向外界傳達完整的資訊，單純的語言成分只佔七％，聲調佔三八%，另外五五%的資訊都需要由非語言的體態語言來傳達，而且因為肢體語言通常是一個人下意識的舉動，所以它很少具有欺騙性。所以，當你和對方面對面接觸時，得隨時保持警覺，任何細節都不能放過。要觀察對方的臉部表情、雙手放的位置、坐姿、穿著打扮或動作等等。更重要的是，要特別注意對方的行為是否出現異常。相信它們都可以有效地幫你做出有利於自己的決策。

面部表情是無聲的語言

表情是人生來就會運用的：小孩子哇哇大哭，代表他不舒服，哈哈大笑又說明他高興快樂。伴隨著年齡的成長，人的表情越來越豐富，所起的作用也越來越大。語言和表情有正確的配合，才能達到理想的溝通效果。

而透過一個人平常說話時伴隨著的表情，也能大致推測一下這個人屬於什麼性格。說話時眉飛色舞，表情豐富的人可能感情豐富，樂天活潑，熱情大方，屬於性情中人，情緒波動較大，好動不好靜，對事情會全力付出，不計後果，但是一旦遇到挫折很容易失望或沮喪。而說話不動聲色的人，城府較深，喜怒不形於色，深沉穩重，通常較為理性，對待事物能夠冷靜主動，分析問題比較全面，有很好的計劃性。

一九一二年諾貝爾獎獲得者、法國生理學家科瑞爾在他的《人，神秘莫測者》一書中論述道：「我們會見到許多陌生的面孔，這些面孔反映出了人們的心理狀態，而且隨著年齡的增長，反映得將越來越清楚。臉就像一台展示我們人的感情、慾望、希冀等一切內心活動的顯示器。」

每個人都有一副獨特而不容混淆的臉相，而在這些獨特的臉相中，隱藏著各式各樣的表情，而表情是情緒的外部表現，是由軀體神經系統支配的骨骼肌運動，是感情活動的外顯行為，反映的是人的心理。

表情是無聲的語言。當人們交往時，不管是否面對面，都會下意識地表達各自的情緒，與此同時也注視著對方臉部的各種表情。而在幾乎所有的生物中，人的臉部表情是最豐富、也是最複雜的。據統計，人的面部所能做出的表情多達二十五萬種之多，正是這些豐富的臉部表情使得人們的社交變得複雜而又細膩深刻。

美國心理學家拜亞曾經做過一項實驗：他讓一些人表現憤怒、恐怖、誘惑、無動於衷、幸福、悲傷等六種表情，再將這些錄製後的表情放映給人看，讓他們猜何種表情代表何種感情，結果讓人大吃一驚：猜對的平均不到兩種。這說明雖然表情對揭示性格在很大程度上有一定的可取性，況且表情相對於語言來說更能傳遞一個人的內心動向，但要在瞬間透過表情勘破人心，實屬不易。

人們在生活中無聲無息地學會了好多手段來掩飾自己的內心，也知道了在何種情況該掩飾什麼樣的表情，比如說在生意場上，最主要的就是要掩飾急躁，不耐煩的表情，如果你一旦被對方窺破，將會被認為你根本就沒有誠心跟對方合作，因此你的信譽度將受到嚴重的傷害，但誰知道你僅僅是想早點結束談生意去參加宴會。

因此在許多時候，人們都會面無表情地跟你對話、交流，不肯輕易露出自己的想法，通常這麼做有三個理由：一是敢怒而不敢言；另一種是漠不關心；第三種是根本沒有放心裏去。也可能結果正好是相反，只是對方不願讓你看出來而已。

這就是臉上的表情跟內心的情緒正好相反，原因是人在潛意識裏不願讓對方看出自己心理的變化，所以會以其他表情來阻止情感的外洩，刻意隱瞞自己的喜怒哀樂。這並不是說這些表情不能從臉部表現出來，而是真那麼做的話，將會嚴重的影響正常的社會活動。最明顯的例子就是和對方探討學術問題，雙方觀點不統一，如果這時你把個人情緒加進去，探討的結果一定很糟糕，不是翻臉就是成死對頭。

其實在很多情況下，如果你不經過相當程度地對人們內心活動的研究，並不容易探視出對方的真實心理。但在高明者看來，簡直不費吹灰之力，他們認為每個人的臉上都掛著一張反映自己生理和精神狀態的「海報」。狄德羅在他的《繪畫論》一書中說過：「一個人……他心靈的每一個活動都表現在他的臉上，刻畫得很清晰、很明顯。」

在中華五千年的歷史長河中，不乏這種高手。淳于髡就是其中一位：梁惠王雄心勃勃，廣納天下賢才。有人多次向他推薦淳于髡，因此，梁惠王頻頻召見淳于髡，每一次都摒退左右與他傾心密談。但前兩次淳于髡都沉默不語，弄得梁惠王很難堪。事後樑惠王責問推薦人：「你說淳于髡有管仲、晏嬰的才能，我怎麼沒看出來，他只是沉默不語，我看你是言過其實。」推薦人以此言問淳于髡，他聽了只是笑笑，回答道：「確實如此，前兩次我都沉默不語，但我不是故意的，而是另有原因。我也很想和梁惠王傾心交談。但第一次，梁惠王臉上有驅馳之色，想著驅馳奔跑一類的娛樂之事，所以我就沒說話。第二次，我見他臉上有享樂之色，是想著聲色一類的娛樂之事，所以我也就沒有說話。」推薦人將此話告訴梁惠王，梁惠王回憶當時的情景，果然不出淳于髡所言。至此他不禁佩服淳于髡的識人之能，也終於相信推薦人所言，開始重用淳于髡。

淳于髡正是利用梁惠王的面部表情洞察了他心裏的想法，也就因為這樣贏得了梁惠王的尊重和佩服。你若能深諳此道，在人際交往中也就能無往而不勝。

國家圖書館出版品預行編目資料

職場心理學，你懂多少？/ 陳嘉安作. -- 初版. --
臺北市 : 種籽文化, 2016.05
面 ;　公分

ISBN 978-986-6546-96-9(平裝)

1. 職場成功法 2. 工作心理學 3. 應用心理學

494.35　　　　　　　104019449

Concept　99

職場心理學，你懂多少？

作者 / 陳嘉安
發行人 / 鍾文宏
編輯 / 編輯部
美編 / 文荳設計
行政 / 陳金枝

企劃出版/喬木書房
出版者 / 種籽文化事業有限公司
出版登記 / 行政院新聞局局版北市業字第1449號
發行部 / 台北市虎林街46巷35號１樓
電話 / 02-27685812-3　傳真 / 02-27685811
e-mail / seed3@ms47.hinet.net

印刷 / 久裕印刷事業股份有限公司
製版 / 全印排版科技股份有限公司
總經銷 / 知遠文化事業有限公司
住址 / 新北市深坑區北深路 3 段 155 巷 25 號 5 樓
電話 / 02-26648800 傳真 / 02-26640490
網址：http://www.booknews.com.tw(博訊書網)

出版日期 / 2016年05月　初版一刷
郵政劃撥 / 19221780戶名：種籽文化事業有限公司
◎劃撥金額900(含)元以上者，郵資免費。
◎劃撥金額900元以下者，若訂購一本請外加郵資60元；
劃撥二本以上，請外加80元

定價：260元

喬木書房

喬木書房